钛合金盘铣高效
开槽加工基础研究

辛红敏　著

西北工业大学出版社

西安

【内容简介】 本书共7章,其中第1章为绪论。第2～3章讲述了钛合金盘铣高效开槽加工机理方面的内容,包括盘铣开槽加工过程中的铣削力、铣削热、变质层、刀具的磨损形貌及磨损机理。第4章讲述了以材料去除率、刀具寿命和残余应力层厚度为优化目标,采用灰色系统理论进行加工参数优化的内容。第5章讲述了盘铣刀的结构优化设计方面的内容。第6章讲述的内容为以优化后的工艺参数及优化后的刀具进行盘铣开槽切削试验。第7章为结论与展望。

本书内容创新性强,实用性强,可作为高等学校航空发动机相关专业课程的选修教材,也可作为航空发动机相关专业技术人员的参考用书。

图书在版编目（CIP）数据

钛合金盘铣高效开槽加工基础研究/辛红敏著. —
西安:西北工业大学出版社，2020.10
ISBN 978 - 7 - 5612 - 7351 - 7

Ⅰ.①钛… Ⅱ.①辛… Ⅲ.①航空发动机-零部件-
金属加工 Ⅳ.①V232

中国版本图书馆 CIP 数据核字(2020)第 210573 号

TAIHEJIN PANXI GAOXIAO KAICAO JIAGONG JICHU YANJIU

钛 合 金 盘 铣 高 效 开 槽 加 工 基 础 研 究

责任编辑:王梦妮		策划编辑:张 辉	
责任校对:胡莉巾 朱晓娟		装帧设计:李 飞	
出版发行:西北工业大学出版社			
通信地址:西安市友谊西路 127 号		邮编:710072	
电 话:(029)88491757，88493844			
网 址:www.nwpup.com			
印 刷 者:兴平市博闻印务有限公司			
开 本:710 mm×1 000 mm		1/16	
印 张:9.625			
字 数:189 千字			
版 次:2020 年 10 月第 1 版		2020 年 10 月第 1 次印刷	
定 价:42.00 元			

如有印装问题请与出版社联系调换

前　言

　　整体叶盘是航空发动机的关键零部件,其通道深且窄、曲率变化大,大多由难加工材料(钛合金和高温合金)制造而成,给切削加工带来众多难题。目前,整体叶盘通道的加工主要依赖进口的五坐标加工机床,采用插铣或侧铣工艺进行通道余量的切除,制造加工周期长,加工成本高。为解决以上问题,本书提出一种新的工艺方法:复合铣工艺。首先利用盘铣进行开槽加工,大量地切除通道余量;其次利用插铣进行扩槽加工,形成曲面;最后利用侧铣清除曲面上的棱角。

　　这是盘铣工艺首次应用于整体叶盘的开槽加工过程中。目前盘铣工艺技术方面的研究相对匮乏,无法对盘铣工艺过程进行优化与控制,从而严重制约了复合铣工艺的推广应用。为此,本书以钛合金为加工对象,开展盘铣开槽加工机理方面的基础研究。

　　全书共分7章。第1章对整体叶盘复合铣工艺及装备进行简要的介绍,分析国内外钛合金切削方面的研究现状,从而得出本书的研究意义。第2章针对盘铣开槽加工过程中铣削力大、铣削温度高的特点,研究热力耦合作用对盘铣开槽加工表面变质层的影响规律。第3章对盘铣开槽加工过程中刀具的磨损演化规律进行分析,具体包括刀具的磨损形貌、破损形貌、磨损机理、刀具寿命等内容。第4章采用灰色系统理论,以材料去除率、刀具寿命、残余应力层厚度为优化目标,进行盘铣开槽加工过程多目标参数优化研究。第5章以某航空发动机压气机盘为加工对象,对盘铣刀进行结构优化设计,具体包括刀具几何尺寸、齿数、容屑槽尺寸、刀具装夹方式、刀片装夹方式等内容。第6章以整体叶盘高效强力复合数控机床为实验平台,采用优化后的盘铣刀进行X型航空发动机二级压气机盘盘铣开槽加工实验,以验证盘铣开槽加工工艺的可行性与高效性。第7章为结论与展望。

　　编写本书参阅了相关文献、书籍,在此谨向其作者深表谢意。
　　由于水平有限,书中疏漏、欠妥之处在所难免,恳请读者批评指正。

著　者

2020 年 6 月

目　录

第1章　绪论··· 1

　　1.1　研究背景及意义 ··· 1

　　1.2　国内外研究现状分析 ·· 5

　　1.3　课题来源及研究目标 ······································· 18

　　1.4　研究内容与章节安排 ······································· 19

第2章　热力耦合作用对盘铣开槽加工表面变质层形成机理分析 ·········· 22

　　2.1　引言 ·· 22

　　2.2　盘铣开槽加工热力耦合应力场产生机理分析 ················ 22

　　2.3　变质层理论 ·· 23

　　2.4　实验条件及方案 ·· 26

　　2.5　实验结果分析 ·· 39

　　2.6　本章小结 ·· 52

第3章　盘铣开槽加工刀具磨损演化过程分析 ························· 54

　　3.1　引言 ·· 54

　　3.2　刀具磨损概述 ·· 54

　　3.3　实验条件及方案 ·· 56

　　3.4　实验结果分析 ·· 58

　　3.5　影响盘铣刀寿命的因素及控制措施 ························ 72

　　3.6　本章小结 ·· 76

第4章　基于灰色系统理论的盘铣开槽加工工艺参数优化 ············· 77

　　4.1　引言 ·· 77

4.2 确定优化目标 ……………………………………… 77

4.3 灰色系统理论概述 ……………………………… 78

4.4 实验设计 ……………………………………………… 79

4.5 灰色关联分析 ……………………………………… 81

4.6 优化结果及实验验证 …………………………… 89

4.7 本章小结 ……………………………………………… 91

第 5 章 盘铣刀具结构优化设计 ……………………… 92

5.1 引言 ……………………………………………………… 92

5.2 整体叶盘开槽工艺分析 ………………………… 92

5.3 盘铣刀刀体设计 …………………………………… 94

5.4 盘铣刀刀片设计与选用 ………………………… 103

5.5 本章小结 ……………………………………………… 108

第 6 章 试验验证 …………………………………………… 109

6.1 引言 ……………………………………………………… 109

6.2 试验方案及条件 …………………………………… 109

6.3 试验结果分析 ……………………………………… 115

6.4 本章小结 ……………………………………………… 123

第 7 章 结论与展望 ……………………………………… 124

7.1 研究结论 ……………………………………………… 124

7.2 展望 ……………………………………………………… 126

附录 盘铣刀机械结构图 ……………………………… 128

参考文献 …………………………………………………… 131

第 1 章 绪 论

1.1 研究背景及意义

1.1.1 整体叶盘高效强力复合数控铣削工艺及装备

整体叶盘是航空发动机的关键零部件,其省去了榫头、榫槽、连接紧固件等零部件,将转子叶片和轮盘设计为整体式结构,如图 1-1 所示。相对于传统的装配型结构,其质量减轻,零件数量减少,从而减化了发动机的结构,提高了推重比,提升了航空发动机的安全性能和工作寿命,能满足新一代高性能航空发动机的需求。但是,由于整体叶盘通道窄,曲率小而变化大,叶片前后缘厚度不同,且整体叶盘的工作条件多为高温、高压、高转速等恶劣工况,一般采用钛合金、高温合金等难加工材料来制造,这就给整体叶盘的制造加工带来众多困难。突破整体叶盘的低成本、高效数控加工技术,将成为推动我国航空工业发展的关键核心技术。

(a)

(b)

图 1-1 整体叶盘

(a)风扇整体叶盘; (b)发动机整体叶盘

目前,整体叶盘通道加工工艺技术以数控铣削为主,其他的加工方法有线切割加工、水射流加工、电解加工、激光加工、电火花加工等。线切割加工和水射流加工材料去除率低,而且穿透式直线丝和水射流由于产生干涉无法实现二次余量的去除[1-2]。激光加工效率低,穿透式直线激光束同样由于也产生干涉无法进行二次余量加工,而且会在加工表面产生较厚的变质层[3]。电解加工虽具有较高的加工效率,但由于受电极形状的限制,无法去除整体叶盘通道中的窄缝和尖角部位,而且电解加工后的电解液和电解物会对环境产生严重的污染,对污染物进行过滤、循环利用所需的附属设备较多,同时污染物会对处理设备造成腐蚀,所以造成电解加工的成本较高[4]。电火花加工的效率与上述几种方法相比是最低的,同激光加工一样,会在加工表面产生较厚的变质层,进而改变表层材料的力学性能[5]。

传统数控铣削加工效率高、加工精度和稳定性易于控制,所以在整体叶盘通道加工方面得到了广泛的应用。目前采用的数控铣削工艺主要有两种,分别为侧铣和插铣,如图1-2和图1-3所示。侧铣开槽加工是采用球头铣刀或圆柱铣刀进行侧铣行切,利用高精度数控机床的五轴联动功能,刀具侧切削刃可直接加工至叶片直纹型面尺寸,且表面无脊棱,加工质量较高[6]。但整体叶盘通道深且窄,开敞性差,且叶片曲率变化大,必须使用细长刀具,所以在刀具侧铣加工过程中径向受力较大,振动明显,严重时甚至出现断刀现象,进而加剧刀具磨损,降低加工效率。插铣开槽加工又称Z轴铣削法,在加工过程中利用刀具底部的切削刃沿轴线方向做进给运动,实现钻、铣组合切削[7]。插铣开槽加工的刀具所受径向力大幅减小,从而提高了刀具的耐用度,提高了加工效率。实验表明,与侧铣相比,插铣能提高整体叶盘开槽粗加工效率50%以上,而且能降低切削加工过程中的刀具振动现象,从而保证了整体叶盘的安全使用。

图1-2　侧铣加工　　　　　　　　　　图1-3　插铣加工

目前,国内整体叶盘数控加工方面严重依赖高精度和高成本的进口五坐标机床,由于仍采用插铣、侧铣工艺技术,开槽加工需要40~50天,导致整体叶盘加工周期长、效率低、成本居高不下,这已经成为我国航空发动机研制和批量生产的瓶颈。以某国家重点发动机为例,该型号发动机如果立项批量生产年需求量约为 100 台份,而每台份发动机共计 9 件整体叶盘,总共会有 900 件整体叶盘的需求量。按照目前的设备和加工方法,1 台五坐标进口机床一年可以完成约 9 件整体叶盘的制造,如果要满足 900 件整体叶盘的生产需要,要配备至少 100 台高精度、高成本五坐标进口机床。由此可见,现有的整体叶盘加工装备和方法已经很难适应我国新型航空发动机批量生产的需求,严重制约了我国新一代航空发动机技术进步和自主创新,限制了我国航空工业跨越式发展。

为了满足新型航空发动机批量生产的需求,有人提出了一种整体叶盘数控加工的新思路和新方法,即整体叶盘高效强力复合数控铣削技术。具体工艺方法为:先利用盘铣实现整体叶盘的开槽粗加工,切除大部分余量;插铣用于整体叶盘的扩槽加工及曲面成形,然后侧铣用于半精加工,实现除棱清根。

将盘铣、插铣、侧铣集成在一台装备上,实现一次装夹完成盘铣、插铣、侧铣工序,该装备能有效节省整体叶盘开槽加工时间,提高生产效率。复合铣工艺及装备如图 1-4 所示。通过前期的实验及理论研究[8-9]证明:复合铣工艺的加工效率几乎是"插铣+侧铣"的 2 倍,是侧铣的 10 倍左右。在加工效率上,复合铣工艺具有绝对的优势,见表 1-1[8-9]。

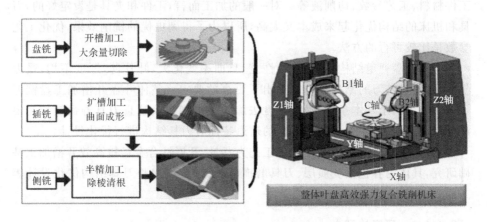

图 1-4 复合铣工艺及装备

表 1-1 不同加工工艺效率对比表

加工方式	复合铣	插铣+侧铣	侧铣
时间/h	8.66	15.04	82.02

1.1.2 问题的提出

盘铣工艺以铣削力大、铣削效率高等优势广泛应用于机械加工领域,但应用于整体叶盘的开槽加工还属于一种新思路和新方法。将盘铣应用于整体叶盘开槽加工,使其加工效率得到了极大的提高,但同时又会产生一系列新的问题。

整体叶盘大多由高温合金、钛合金等难切削加工材料制造,钛合金具有弹性模量小、热导率小、比强度高、化学活性高等特点,铣削过程中将产生大量的热。同时,盘铣刀直径大,切削厚度深,进而会产生较大的铣削力。在热力耦合作用下,已加工表面将发生塑性变形,使材料的硬度、显微组织发生变化,如果存在残余应力或微裂纹将影响零件的疲劳寿命,进而影响发动机的安全性,所以开展热力耦合作用对盘铣开槽加工表面变质层的影响机理分析具有重要意义。

钛合金盘铣高效开槽加工过程中由于刀具直径大,振动严重,加上铣削力大、铣削温度高等因素,容易导致刀具发生黏结磨损、氧化磨损、扩散磨损等,进而降低刀具寿命,频繁换刀间接地导致生产效率降低,会提高加工成本,所以探求盘铣刀的磨损机理,是优化刀具结构、提高刀具耐用度必须要进行的基础性研究。

盘铣高效开槽加工的铣削效果受多种因素的制约,如机床性能、夹具、刀具、工件材料、工艺参数、切削液等。对一般的加工而言,工件和夹具是设定好的,刀具和机床的结构优化起来成本又太高,所以为了得到更优的铣削效果,优化工艺参数是比较可行的方法。

整体叶盘通道结构复杂,开敞性差,且曲率变化大,叶片薄,厚度不均,受力易变形,对盘铣刀的结构和性能提出了更高的要求。整体叶盘开槽加工盘铣刀需同时具备两个基本条件:最大限度去除通道可加工余量且刀具寿命较长。要满足以上条件,必须根据整体叶盘的通道特征对刀具结构进行优化设计。

因此,本书以整体叶盘复合铣工艺为背景,开展钛合金盘铣高效开槽加工基础研究,具体内容包括变质层、刀具磨损、工艺参数优化和刀具结构优化设计等方面。

1.1.3 研究的意义

本书的研究成果均来自于对整体叶盘盘铣高效开槽的模拟加工,虽然不能准确地反映整体叶盘盘铣高效开槽加工过程中可能出现的所有问题,但其实验方法具有较强的借鉴价值和指导意义,研究结果将为下一步真正意义上的整体叶盘盘铣高效开槽加工工艺参数选取、刀具结构优化、刀具磨损研究等提供实验支撑。

同时,本书的研究结果验证了整体叶盘盘铣开槽加工工艺的可行性和高效性,也为下一步整体叶盘盘铣开槽工艺的实验研究与实际生产应用提供数据支撑和实验基础,最终促成整体叶盘高效强力复合铣装备及工艺的成功应用,达到提高整体叶盘加工效率、降低生产成本的目的。

1.2   国内外研究现状分析

1.2.1   钛合金性能特点[10-12]

钛合金就是在钛中加入不同的元素,进而钛的含量和相变温度发生改变。根据钛合金不同的组织结构特点,可以将钛合金分为 α 钛合金、β 钛合金和 α+β 钛合金。

(1) α 钛合金。α 钛合金组织稳定,在高温下不易发生相变,且具有良好的抗氧化性和耐磨性。在高温下强度降低,热加工性较差。如工业纯钛 TA0、TA1、TA2、TA3 和 TA7(TA7 - Ti - 5Al - 5Sn)。α 钛合金主要用于石化、化工和加工工业,在这些工业中首先要考虑的是钛合金的耐腐蚀性和可加工变形能力。

(2) β 钛合金。β 钛合金在室温下即具有较高的强度,可达 1 372~1 666 MPa,但耐热性差,不具备良好的焊接性能。

(3) α+β 钛合金。α+β 钛合金组织稳定,其热稳定性仅次于 α 钛合金,强度介于 α 和 β 钛合金之间,并具有良好的综合机械性能。在高温下能长期工作,高温抗变形能力强,通过热处理其强度能显著提高。

三种钛合金中,α 钛合金的切削加工性最好,其次是 α+β 钛合金,所以这两种钛合金在航空航天领域的应用最广。表 1 - 2 列出了三种钛合金的常用牌号,表 1 - 3 列出了三种常用钛合金的化学成分及含量[13]。

表 1 - 2   常用钛合金牌号

钛合金种类	牌号
α 钛合金	TA0~TA28
β 钛合金	TB2~TB9
α+β 钛合金	TC1~TC23

表 1-3 常见钛合金的化学成分及含量[13]

		合金牌号	TA4	TA5	TB2	TB4	TC4	TC6	TC11	TC17	TC20
化学成分/(%)	主要成分	Nb									6.5~7.5
		Al		3.3~4.7	2.5~3.5	3.0~4.5	5.5~6.8	5.5~7.0	5.8~7.0	4.5~5.5	5.5~6.5
		Zr				0.5~1.5			0.8~2.0	1.5~2.5	
		Sn								1.5~2.5	
		Mo			4.7~5.7	6.0~7.8		2~3	2.8~3.8	3.5~4.5	
		V			4.7~5.7	9.0~10.5	3.5~4.5				
		Fe				1.5~2.5		0.2~0.7			
		Cr			7.5~8.5			0.8~2.3		3.5~4.5	
		B		0.005							
		Si						0.15~0.4	0.2~0.35		$\varphi_{Ta} \leqslant 0.5$
	杂质不大于	Fe	0.5	0.3	0.3		0.3		0.25	0.25	0.25
		C	0.08	0.08	0.05	0.05	0.08	0.08	0.08	0.05	0.08
		N	0.05	0.04	0.04	0.04	0.05	0.05	0.05	0.05	0.05
		H	0.015	0.015	0.015	0.015	0.015	0.015	0.012	0.012	0.009
		O	0.4	0.15	0.15	0.2	0.2	0.18	0.15	0.08~0.13	0.2
	其他元素	单一	0.1	0.1	0.1	0.1	0.1	0.1	0.1	0.1	0.1
		总和	0.4	0.4	0.4	0.4	0.4	0.4	0.4	0.3	0.4

钛合金的性能特点主要有以下几点[10-12]：

(1)弹性模量小。在切削加工过程中，已加工表面容易回弹，加大了刀具后刀面与加工表面的摩擦，从而加大了刀具的磨损速度。

(2)热导率小。钛的热导率 $\lambda=15.24$ W/(m·K)，约为镍的 1/4，铁的 1/5，导致切削加工过程中的切削热不易导出，使切削刃附近温度升高，过高的温度不仅使加工表面出现塑性变形,同时也加剧了刀具的黏结、氧化、扩散、相变磨损,降低了刀具的耐用度。

（3）热强度高。钛合金在高温下也能保持较高的强度,故满足许多高温、高压、高速旋转等恶劣工况下的需求,这也是其在航空航天领域得到应用的重要原因之一。

（4）抗腐蚀性强。相比于不锈钢,钛合金对点蚀、酸蚀、应力腐蚀的抵抗力特别强,适合在腐蚀性较强的海水和潮湿环境下工作。另外,钛合金也可以抵抗氯化物、碱、硝酸等高腐蚀能力液体的侵蚀。

（5）比强度高。钛合金强度高,但密度小（4.5 g/cm³）,大约是钢的 60%,所以与一些合金结构钢比起来,具有较高的比强度,使得钛合金可以用于制造航空航天类刚性好、质量轻的零部件。

（6）化学活性大。易于与空气中的元素（如 O、N、H 等）发生化学反应,产生新的化学物质 $TiAlN$、TiO_2、Ti_4N_3 等,这些物质将在钛合金表面形成深度达 $0.1 \sim 0.15$ mm 的硬化层和脆化层,会加剧刀具的磨损。

（7）低温性能好。钛合金在低温下具有良好的力学性能且具有良好的塑性,因此在低温环境下得到广泛的应用。

1.2.2　钛合金在航空航天领域的用途

从 1948 年开始,钛生产进入工业化时代,航空航天工业的快速发展推动了钛工业的年产量以 8% 的速度快速增长,目前开发出来的钛合金材料品种多达 30 多种,TC4 和工业纯钛（TA1、TA2 和 TA3）成为应用最广泛的钛合金材料。钛合金除了在航空航天领域应用外,在 20 世纪 60 年代中期,已开始应用于一般的工业生产中,比如电解工业的电极、石油精炼的加热器和控制环境污染的装置等[14-17]。国内关于钛合金的研究起步较晚,于 1956 年开始;钛的生产于 20 世纪 60 年代中期开始,以成功研制出钛合金材料 TB2 为标志。

钛合金是飞机发动机和机体重要的结构材料之一,随着军用机和商用飞机的更新换代,钛合金的用量也呈逐年上升的趋势,其中航空航天领域所用钛合金已占到钛合金总产量的 70% ~ 80%[17]。在军用飞机方面[18-19],国外的第三代战斗机钛用量占整个飞机总量的 20% ~ 25%,美国第 5 代战斗机 F - 35 钛的用量已经达到整体总质量的 27%,战斗机 F - 22 的钛用量已达到 41%;在民用机方面,空客飞机钛用量已从第三代 A320 的 4.5% 增长到第四代 A340 的 6%,而空客 A380 的钛用量则达到了 10%,单机用钛量达 60 t。波音 707 的用钛量为 0.5%,而波音 787 飞机的用钛量则达到了 14%。

钛合金在航空航天领域最重要的应用便是飞机发动机[20-22]。飞机发动机采用钛合金制造,不仅能有效降低质量,提高推重比,而且能延长零部件的寿命和检测周期,为飞机的安全飞行提供保障[23]。现代涡轮发动机的钛用量占到整体质量的 30% 左右,早期的发动机的压气机叶片采用钛合金制造,现代喷气式发动机的大型风扇叶片也由钛合金制造。

经过几十年的发展,我国的钛工业已经建立起较为完善的生产体系,而且我国钛资源丰富,TiO_2 的储量居世界第一,达 9×10^8 t,为我国钛工业的发展提供了便利条件。从长期来看,我国经济持续增长,城市化进程加快,居民消费升级等因素将有助于航空运输业的发展,高油价和环保水平的提高,使得各航空公司也加快了新旧飞机更新的步伐。未来的一段时间,是我国航空工业实现跨越式发展的攻坚时期,钛工业也将迎来难得的发展机遇。

1.2.3　钛合金切削加工现状

钛合金具有很高的硬度,给它的切削加工带来诸多困难,但钛合金的切削加工性能受机械、物理、化学等多方面的影响,其切削加工特点如下[10-12]:

(1)切屑变形系数小。变形系数反映的是切屑的变形程度,由于钛合金变形系数几乎等于 1,造成前刀面与切屑之间的摩擦增大,产生高的温度,使得刀具磨损加剧。同时,由于变形系数小,切屑从切削刃脱离后立即向上翻卷,使得切削刃与前刀面之间的接触面积较小(约为钢材的 1/3),增大了前刀面的上的压强,进而导致切削刃崩刃。

(2)切削温度高。钛合金的热导率小,使得切削过程中产生的热量集聚在已加工表面和切削刃附近而没有及时散出去。相关研究表明,切削刃处的温度可达 1 000 ℃ 以上,如此高的温度不仅会使加工表面产生塑性变形和表面硬化,而且刀具寿命因此降低。

(3)单位面积上的切削力大。钛合金切屑的变形系数小,使得前刀面与切屑的接触面积小,造成前刀面上单位面积上的切削力大,使得刀具发生裂纹、崩刃等。

(4)冷硬现象严重。由于钛元素的亲和性强、化学活性大,且钛合金加工过程中切削温度高,所以在钛合金表面极易因钛与空气中的元素发生化学反应生成一层脆而硬的物质。另外,加工过程中过高的温度和较大的切削力也会使已加工表面发生塑性变形生成硬化层。硬化层的产生不仅会降低刀具的使用寿命,也将降低零件的可靠性。

(5)刀具易磨损。由于冷硬现象、切削力大、切削温度高等特点,钛合金切削加工中的刀具极易磨损,这一特点使得钛合金成为难加工材料。

1.2.4 钛合金切削力研究现状

在钛合金的切削加工过程中,切削热、刀具振动、刀具磨损和表面质量等都受切削力的影响。国内学者在这方面开展了大量的研究工作。按照研究方法不同,其可分为实验法和有限元法。刘鹏等人[24]分别设计正交实验和单因素实验进行 PCD 刀具高速铣削钛合金 TA15 的切削力研究,采用频谱分析的方法,分析了高频振动对切削力波形的影响。杨振朝等人[25]研究了工艺参数(铣削速度、每齿进给量、铣削深度)对铣削力的灵敏度,研究结果表明,工艺参数对 Z 向的铣削力最为显著,其中铣削深度为最敏感因素,铣削速度为最不敏感因素。谭靓等人[26]研究了高速铣削钛合金 TC18 时刀具几何参数对铣削力的影响,研究结果表明,前角和螺旋角越大,后角越小,铣削力越小,而且螺旋角的大小对铣削力的影响最显著,其次是后角,最后是前角。赵伟等人[27-28]将刀具的切削刃和转动角度离散成微小单元,建立插铣钛合金的瞬时铣削力和总体铣削力模型,以此为基础研究插铣钛合金的稳定性。易俊杰[29]分别建立了三维和二维钛合金切削仿真模型,分析工艺参数对铣削力的影响规律,分析结果表明,每齿进给量对铣削力的影响最为显著,切削速度最不显著。张德强[30]利用有限元分析软件 AdvantEdge 建立了高速车削钛合金过程仿真模型,研究切削参数、刀具参数和刀具刃口对切削力的影响规律,最后通过实验验证了结果的正确性。王明海等人[31]利用有限元技术对超声振动铣削钛合金 TC4 时的铣削过程进行了仿真,仿真结果表明,采用超声振动铣削时,铣削力呈现脉冲式变化,且峰值小于无超声振动时的铣削力峰值。杨勇等人[32]采用有限元法对铣削钛合金时的铣削力进行了三维仿真,经过实验验证,仿真结果与其一致。

随着对铣削力研究的不断深入,铣削力建模的方法也呈现多样性。目前,主要的方法有经验法和解析法。经验法需要先根据实验所设计的参数和实验结果确定出数学表达式,再利用线性回归方法确立方程。这种方法简单实用,但不能获得切削变形区的内部规律,仅在一定参数范围内有效。解析法是从几何和力学的角度建立铣削力模型,该方法不仅能反映内部的变形规律,而且求解精确。Li 等人[33]在充分考虑刀具跳动、未变形的切削厚度、刀具刃倾角、剪切角、摩擦角等因素的前提下,建立了微细铣削钛合金的三向铣削力模型,通过模型分析得出结论:铣削力受刀具跳动影响显著。王刚等人[34]提出了一种新的铣削力建模方法——模糊系统建模,并将其与回归分析法建立的模型进行比较,结果显示改进粒子群算法训练模糊系统方法优于回归分析法。Chen 等人[35]先假设切削过程为一个半静态的过程,利用材料本构定律建立材料剪切流动应力模型,并分析切削力的变化规律,最后通过一系列实验数据来验证预测模型的正确性。

国外的研究学者对钛合金铣削力方面的研究成果也较多。W. Polini 等人[36]研究了三种不同涂层(TiAl、单层 TiAlN 和多层 TiAlN)的硬质合金刀具加工钛合金 TC4 时铣削力与刀具寿命和表面粗糙度的关系。Pratap Tej 等人[37]利用有限元软件 ABAQUS,建立了微细铣削钛合金 TC4 时的有限元模型,研究了切削刃半径对铣削力的影响。C. Serboi 等人[38]通过实验的方法对比研究了几种不同超硬加工材料与钛合金材料切削力的不同,依据不同的工艺参数(切削速度、进给速度和切削深度)建立了切削力模型。T. Matsumura 等人[39-40]的关注点为钛合金材料的各向异性对切削力的影响,基于各向异性特征建立了切削力预测模型。由于切屑流的速度和切削的速度决定了切削的能量,所以剪切面上的剪切力与进给方向有密切的关系。K. Vijayan 等人[41]研究了在同样的切削深度下,不同的进给速率(0.02 mm/r、0.04 mm/r、0.06 mm/r 和 0.08 mm/r) 和切削速度（20 mm/min、30 mm/min、40 mm/min 和 50 mm/min)对铣削力的影响规律,结果表明,当进给速率为 0.02 mm/r 和铣削速度为 30 mm/min 时可以获得较好的铣削效果。C. Stanley 等人[42]采用一种预测算法,通过在线监测铣削力的大小间接预测刀具后刀面的磨损情况,研究结果表明,随着铣削力的增加可以有效预测刀具磨损量,此种方法为研究刀具磨损节省了时间。N. M. Vaxevanidis 等人[43]设计 L27 正交实验,研究工艺参数(主轴转速、进给速度、切削深度)对主切削力 F_z 的影响规律,同时通过响应曲面分析工艺参数对主切削力 F_z 的交互影响,最后利用神经网络法对工艺参数进行了优化,研究结果表明,神经网络法优化工艺参数能有效降低切削力,进而减少刀具磨损,降低生产成本。

1.2.5　钛合金切削温度研究现状

钛合金具有热导率小、弹性模量小、变形系数小、化学活性大等特点,造成了铣削温度高的现象,如此高的温度势必引起一系列不良后果:如加剧刀具黏结磨损、氧化磨损、扩散磨损和相变磨损的发生,在加工表面产生塑性变形层,影响零件疲劳强度。国内外的学者在钛合金切削温度方面展开了大量的研究。目前铣削温度的研究方法可分为实验法和有限元法。实验法是建立在大量实验数据的基础上的,可靠性高,可操作性强,但结果的准确性受操作人员、设备等客观因素影响较大。Xie 等人[44]研究了钛合金微型槽加工过程中温度变化情况,研究结果表明,微型槽加工相对于传统加工方式将大大降低切削温度,而且切削温度随着槽宽的增加而降低。Sui 等人[45]通过响应曲面法建立了铣削温度模型,以此分析铣削参数对铣削温度的影响规律,分析结果表明:铣削温度随着切削速度和进给速度的增加而增加,切削深度对铣削温度的影响并不明显。Liu 等人[46]研究了低温液态氮条件下加工钛合金的铣削温度,研究结果表明,采用低温液态氮作为冷却剂能有效降低切削温度,从而改善表面加工质量,提高刀具寿命。李晓宇[47]首先根据金属切削理论建立了钛合金插铣过程切削区温度场理论解析模型,同时利用半人工热电偶法和红外热像仪测量切削区的温度,经比较两种方法测量结果一致,从而验证了半人工热电偶法所测量温度的正确性。苏宇[48]研究了低温 MQL 技术对高速车削钛合金的冷却润滑作用,研究结果表明,低温MQL 技术能有效降低切削区的温度,提高润滑油的润滑效果,进而提高刀具寿命。徐杰[49]通过对大进给时切削钛合金的温度研究发现,切削速度和每齿进给量对切削温度有同样的影响规律,即在低水平时随着切削速度和每齿进给量的增加切削温度上升明显,但达到某一临界值后,切削温度的变化缓慢。同时也发现对于硬质合金刀具而言,晶粒度越细,切削温度越高。苏林林[50]采用半人工热电偶法研究高速铣削钛合金 TC17 的切削温度,研究结果表明切削温度随着切削速度的增加而增加,但当切削速度小于 120 m/min 时变化趋势较缓,当切削速度大于 160 m/min 时变化趋势加快。

随着有限元仿真理论和技术的日益成熟,由于其可以大大降低实验研究的时间和成本,所以采用有限元方法模拟铣削过程,分析铣削力、铣削温度、振动、刀具磨损等已经成为一种重要的手段,但仿真结果的正确性和可靠性往往需要实验进一步验证。经过几十年的发展,国内相关方面积累了不少研究成果。何志祥[51]采用有限元分析软件 Deform 研究了车削钛合金时摩擦因数和刀具几何角度对切削温度的影响规律,研究结果表明,摩擦因数与刀具温度呈 0.5 倍关系递增;随着前角和后角的增大,刀具上的温度不断上升,其上升到一定数值后又减小;在实验范围内刀尖圆弧半径的最优值为 0.5 mm 或 1.375 mm。罗智[52]通过仿真模拟的方法建立了微细铣削的动态模型,得到了温度的分布规律。仿真结果表明,主轴转速对铣削区域的温度影响最为显著,其次是进给速度,轴向切深则最不显著。王辉[53]利用有限元法仿真了新绿色冷却润滑剂对铣削 TC4时的温度分布情况,分析结果表明,相对于水蒸气冷却,采用新绿色冷却润滑剂可有效降低铣削温度 15%,提高刀具寿命 30% 左右。王苏东[54]同样利用有限元分析软件 Deform - 3D 模拟高速切削医用钛合金的温度场,仿真结果表明,前刀面和后刀面上的温度随着主轴转速、径向切深和每齿进给量的增加而增加,切削温度随着切削速度的变化而升高的幅度明显,切削深度对切削温度的影响程度次之,每齿进给量则是最不显著的因素。颜伟霞[55]以金属切削理论为基础,推导出刀具及工件的热传导方程,建立插铣钛合金的数学模型,采用有限元方法Galerkin 对刀具的抛物线方程和工件的椭圆方程进行了计算并将两者采用Matlab 软件进行了数值模拟,分别得到工件和刀具的温度场分布图。

A. Mamedov等人[56]采用有限元和实验相结合的方法预测了不同的铣削参数下微细铣削钛合金 TC4 时刀具和工件区域的温度分布,结果表明:有限元方法和实验方法的最大误差为 12%。N. Ishii 等人[57]采用一个双色的高温计来测量切削刀具的温度,高温计中装有两种不同的光学纤维,因为它们对不同光谱的敏感程度不同,所以通过观察光谱的峰值信号来测量刀具温度。V. Krishnaraj 等人[58]采用热成像摄像机测量了立铣钛合金时的切削温度,研究切削参数对切削温度的影响规律,结果表明,切削温度随着切削速度的增加而上升,随着切削深度的增加切削温度先上升后减小,当切削深度为 0.5 mm 时切削温度达到最高。S. Daniel 等人[59]设计正交实验,利用红外成像仪测量了铣削钛合金时的刀具温度,分析了温度的不确定性因素,分析认为测量温度的不确定性由实验设计方案、数据采集系统和刀具特性等因素引起,而且当温度为 500℃ 时,不确定性为 15%,当温度达到 1 000℃ 时,不确定性降低为 8%。K. A. David 等人[60]采用三种不同的方法(夹丝半人工热电偶法、嵌入式热电偶法和 IR 热成像法),在不同的切削速度下,将工件水平和 45°装夹,分别测量新球头立铣刀和磨损后的球头立铣刀的铣削温度,研究结果表明,虽然加工条件不同,但两者呈现出一致性的实验结果:当工件 45°装夹和切削速度为345 m/min时,铣削温度较高,人工热电偶法测得新铣刀和磨损后的刀具温度分别为 375℃ 和 413℃。M. Armendia 等人[61]采用微热成像仪研究了断续切削钛合金时的刀屑结合处的温度分布规律,由于冷却周期的存在,随着冷却时间的增加,刀具的温度呈下降趋势,但刀具机械应力和热应力增加,使刀具寿命缩短。G. M. Pittala 等人 [62]在实验中设置不同的切削速度和进给速率,采用热红外摄像机测量端铣钛合金时的切削温度,基于实验数据建立有限元流变学模型,经过校准使其适用于不同的铣削场合。C. G. Le 等人 [63]采用了一种新的测量系统测量旋转刀具切削钛合金时的温度,即将一个热电偶尽可能近地埋置于切削面与切削刃附近,然后将数据调节系统和无线发射模块放置于一个特殊的刀具手柄中,用以采集传输切削温度信号。

1.2.6　钛合金切削加工变质层研究现状

人们对表面质量的认识是一个逐渐深入的过程,最初认为表面质量只与表面微观几何特征直接相关,但后来逐渐认识到表面以下所发生的机械的、物理的、化学的、力学的变化(变质层)同样影响着零件的疲劳性能。由于认识到变质层对零件疲劳性能所起的重要作用,国内外许多学者开始在变质层研究方面投入精力,也得到了许多成果。

A. Shokrani 等人[64]研究了采用−127℃液态氮作为冷却液,立铣加工钛合金 TC4 时的微观组织变化规律,结果表明,由于低温的液态氮可以降低刀具周围的切削温度,所以与传统的干铣和泛流式冷却加工相比,变质层厚度较小。M. B. Mhamdi[65] 等人研究了立铣钛合金时刀具位置对显微硬度的影响规律,研究结果表明,刀具位置对表面显微硬度有显著影响,相比于刀具在工件顶部时,刀具在上升或下降阶段能获得较浅的硬化层。E. Vermesse 等人[66] 则研究了在对钛合金 TC4 酸洗和阳极处理后其表面的改变情况,研究发现,酸洗和阳极处理后的钛合金表面微观组织和 H、O 的含量并没有改变。Tang 等人[67] 通过研究发现,当采用低温抛光技术时,钛合金表面产生了纳米晶粒层,从而使钛合金的抗腐蚀性能大大提高。C. F. Yao 等人[68] 采用四种不同的工艺集成方法,分别是铣削(M)、铣削＋抛光(MP)、铣削＋抛光＋喷丸强化(MPS)、铣削＋抛光＋喷丸强化＋抛光(MPSP),研究不同的工艺方法对钛合金 TB6 表面性能的影响规律,研究结果表明:MPSP 工艺可得到较理想的显微硬度和残余应力分布,从而提高了零件使用寿命。A. Ginting 等人[69-70] 通过研究发现有涂层刀具比无涂层刀具能获得更小的表面粗糙度,其表面下 5 μm 发生软化,硬化层深度达到 350 μm,塑性变形层可达表面下 200 μm。

高玉魁[71] 研究了不同的表面处理方法(喷丸强化、激光喷丸、低塑性燃烧)对钛合金表面性能(显微硬度、显微组织、残余应力)的影响,结果表明,低塑性燃烧更能提高材料的疲劳性能。史琦[72] 通过对铣削 TC21 的变质层研究发现:其硬化层硬度基本在基体硬度范围内;铣削的最初阶段显微组织没有发生明显变化,但当刀具磨损达到一定程度时,晶粒出现了拉伸、弯曲现象。张为等人[73] 通过实验探索车削钛合金 TC4 时的表面硬化机理,结果表明,提高切削速度不会加剧表面的硬化程度,但变质层的厚度将会减少,且切削热是形成表面硬化的主要原因。周子同等人[74] 研究了不同切削参数下,侧铣钛合金 TB6 时的表面完整性,研究结果表明:加工表面没有产生明显的变质层,也没有发生明显的晶粒拉伸、扭曲和破裂现象。霍文国等人[75] 开展不同磨料砂轮磨削钛合金后的变质层分析,结果表明:金刚石和立方氮化硼磨料砂轮磨削后的工件表面变质层较小,且无明显的烧伤现象。

变质层对航空发动机的高推重比、高适用性、高可靠性至关重要,所以早在 20 世纪 70 年代,美国就开始了对航空航天材料变质层方面的研究,并建立了关于表面特征及变质层特征较为完善的数据库,从而为航空航天材料的安全使用奠定了可靠的基础。我国虽然也开展了较多钛合金表面特征及变质层特征方面的研究,但多是一些基础性研究,研究的关注点都在高速铣削方面,其加工工艺也多是采用立铣、侧铣、端铣等方法,并未涉及航空关键零部件(如压气机叶片、整体叶盘)。盘铣作为一种新思路和新方法,已被证明能极大提高整体叶盘开槽粗加工的效率,随着研究的不断深入,盘铣必将在整体叶盘数控加工领域得到广泛应用,本书中关于钛合金盘铣开槽变质层方面的研究将为整体叶盘的高效率、低成本数控加工提供可靠的实验数据和理论支撑。

1.2.7 钛合金切削刀具磨损研究现状

国内外学者在钛合金铣削刀具磨损方面做了较多的研究。吕东升等[76]研究了涂层硬质合金刀具端铣阻燃钛合金 Ti40 时的刀具破损形态和磨损机理,研究结果表明:其主要的磨损形式为前刀面的月牙洼磨损和后刀面的边界磨损;破损形态的表现形式主要有涂层剥落、裂纹和微崩刃。陈燕[77]采用有限元方法对铣削钛合金时的刀具磨损情况进行了研究,通过预测模型发现:切削速度越高,刀具耐用度越低,所以应该尽量选择低的切削速度。王其琛等[78]通过研究铣削高强度钛合金 TC18 时的刀具磨损机理发现:物理气相沉淀(PVD)硬质涂层刀具相对于无涂层刀具来说其耐用度更高,前刀面的主要磨损机理为黏结磨损和扩散磨损,后刀面除此之外还发生了磨粒磨损。李安海等[79]研究了采用化学气相沉淀(CVD)硬质合金涂层刀具高速干铣钛合金 TC4 的刀具磨损机理,通过扫描电镜及能谱分析发现其磨损机理主要为磨粒磨损、黏结磨损、氧化磨损、扩散磨损和热-机械疲劳磨损的综合作用,而且高的切削速度将加剧黏结、氧化和热-机械疲劳磨损的发生。徐锦泱等[80]对比研究了采用物理气相沉淀(PVD)和化学气相沉淀(CVD)硬质合金刀具铣削钛合金 TC6 时的刀具磨损机理,研究发现PVD 涂层刀具的磨损量较小,耐用度更高,更适合加工钛合金 TC6。研究普遍认为切削液可以降低切削温度、减小刀具与工件的摩擦,从而延长刀具使用寿命,但牟涛等[81]研究发现,在高速铣削钛合金 TC4 时,切削液不一定能提高刀具寿命,机床的稳定性则对刀具寿命影响较大。Zhang 等[82]为了减少车削钛合金 TC4 时的刀具磨损,采用超声波振动技术做了相关实验,结果表明:超声波振动技术不仅能有效降低刀具磨损程度,而且振动的频率和幅度是影响刀具磨损的最主要因素,其次是进给速度和切削深度。Wei Weihua 等[83]和 Yang Shubao 等[84]通过有限元仿真和实验,研究了在 TC4 中加入氢之后对刀具磨损的影响,结果表明月牙洼的深度和后刀面磨损量随着氢含量的增加呈现先减少后增加的趋势,最合理的氢含量为 0.26%,研究结果同时认为,对于氢化后的TC4,切削温度降低是提高刀具寿命的一个重要因素。李友生等[85]通过硬质合金刀具的抗氧化性实验得出结论:刀具材料中的 WC 物质和 Co 在高温下与空气中的 O 发生化学反应分别生成 WO_3 和 Co_3O_4,而刀具材料中的 Ti 非常稳定。在实验温度达到 1 300 K 时,Ti 才被氧化为 TiO_2。另外,当刀具材料中含有TiC 时将有利于提高刀具的抗氧化性,刀具材料的晶粒越小其抗氧化性越好。

李友生等[86]还研究了在没有切削液的情况下车削钛合金 TC4 时的刀具磨损机理,研究结果表明刀具的磨损机理主要为黏结磨损、氧化磨损和扩散磨损,而且由于前刀面的切削温度高于后刀面,前刀面的磨损相对来说较严重。邓建新等[87]研究了采用硬质合金刀具在没有切削液的情况下,车削 TC4 时的刀具扩散磨损情况,结果表明刀具元素(W、Co)在温度为 400℃时并没有发生向钛合金 TC4 扩散的情况,当温度达到 600℃时慢慢开始扩散,而当温度升高到 800℃时,扩散深度则达到了 20 μm,因为扩散现象的发生,在刀具和工件的扩散界面处,硬度值降低。Zhang 等[88]也研究了硬质合金刀具与 TC4 材料在高温下的扩散情况,研究发现虽然在刀具与材料之间发生了扩散现象,但扩散层非常浅,而且前刀面上月牙洼的形成主要是由 WC 颗粒的流失造成的。

美国的 S. W. Raza 等[89]研究对象为采用未涂层硬质合金刀具,在使用不同切削液的条件下车削钛合金 TC4 时的后刀面磨损情况,研究发现,在低速车削时,采用菜籽油作为冷却剂更适合钛合金的加工,而高速时,低温加工更有助于延长刀具寿命。R. B. Da Silva 等[90]则研究了采用 PCD 刀具高速铣钛合金 TC4 时冷却液的压力对刀具磨损的影响,研究表明增加冷却液的压力有助于减少刀具的黏结和磨粒磨损。金刚石刀具常常因为石墨化而发生磨损。为了克服这一问题,A. R. Zareena 等[91]通过在刀具表面涂上一层化学物质——全氟聚醚来做相关实验,实验结果表明全氟聚醚能有效延长刀具寿命和提高已加工表面质量。M. Nouari 等[92]研究了不同的材料(Ti - 555 和 TC4)对刀具磨损的影响,结果表明由于 Ti - 555 材料中存在大尺寸近 β 晶粒,所以黏结磨损是主要的磨损形式;而对于加工 TC4 来说,刀具在涂层剥落后,便发生了黏结磨损和扩散磨损,而且 TC4 表面也发生了沿切屑流方向的晶粒变形。I. Masood 等[93]采用三种不同的冷却方法(干式、传统式、低温冷却式)对比研究了加工钛合金时的刀具磨损情况,研究结果表明:低温冷却式加工相对于干式加工来说刀具寿命可提高 10.76 倍,相对于传统的冷却方式其加工成本降低为原来的 1/13.33,是最适合钛合金加工的一种冷却方式。

1.2.8 切削参数优化研究现状

钛合金已广泛应用于航空航天领域,但由于航空航天类的零件大部分是框类或薄壁类零件,且材料去除率大,在切削加工过程中铣削力大,铣削温度高,因而引起一系列不良后果,如机床和刀具的振动、刀具磨损和表面质量降低等。振动必然会加剧刀具的快速磨损,频繁换刀使生产效率降低;表面质量降低将影响零件的疲劳性能。因此在切削过程中,需要综合考虑材料去除率、刀具寿命和表面质量三者之间的关系。在机床、刀具、铣削方式、工艺路线等确定之后,对铣削效果产生影响的便是铣削参数。为了选择合适的铣削参数,就必须进行参数优化。在切削参数优化方面,各国学者已经提出多种理论及方法[94],主要有遗传算法、粒子群算法、人工神经网络法(ANN)、支持向量机法(SVM)、响应曲面法(RSM)、田口(Taguchi)法、灰色关联分析法(GRA)等,同时也取得了相应的研究成果。

刘建峰[95]以遗传算法为基础,采用模拟退火遗传算法进行微细铣削表面粗糙度值和铣削力的单目标和多目标优化,通过对两种算法的优化结果进行对比,得出结论:模拟退火遗传算法优化工艺参数更加可靠。马超[96]以铣削加工为基础,选取表面加工质量和机床稳定性为优化目标,采用遗传算法和粒子群算法的智能优化算法对工艺参数进行优化,并以数控铣床为例验证了优化结果的正确性。陈建岭[97]以生产效率最大化和刀具寿命消耗最小为目标,采用多目标多约束的 NSGA - Ⅱ 改进算法,实现了高速铣削钛合金的工艺参数优化。Cao 等[98-99]以整体叶片为加工对象,采用神经网络和遗传算法相结合的方法对切削参数进行了优化,优化结果表明:此种方法不仅能有效降低优选工艺参数的时间成本,而且优化后的工艺参数能有效提高整体叶片的加工质量。黄天然 等[100]采用支持向量机法对盘铣钛合金表面残余应力的铣削参数进行了优化,设计了正交实验,基于实验数据建立支持向量机模型,结果证明支持向量机法建立的回归模型比传统的回归方法更有优势,适用于小样本多因素多水平实验建模。李长云 等[101]将基于粒子群算法、遗传算法、网络搜索和均匀设计支持向量机参数优化方法进行对比,得出基于均匀设计的支持向量机参数优化方法的寻优时间最短的结论。孙玉文 等[102-103]设计了正交实验,建立了表面粗糙度模型,利用响应曲面法对等值线和响应曲面图进行了分析,最终确定了最优铣削参数。Wang 等[104-105]以田口法为基础,选取材料去除率和表面粗糙度为优化目标,进行了电化学加工过程中的参数优化研究。首先借助信噪比法转换实验数据,分析各因素对加工性能影响的显著性,其次用田口法优化出最合理的工艺参数组合。Shi 等[106]利用灰色关联法开展了铣削镁合金参数优化研究。他们以表面粗糙度和显微硬度为优化目标,通过计算各目标之间的灰色关联度确定了工艺参数最优组合。Zhang 等[107]对电火花加工工艺参数(电压、功率放大器数量、脉冲宽度、脉冲间隔)进行了优化。设计了 25 组正交实验,根据实验结果计算出加工时间和表面粗糙度的灰色关联度,依据灰色关联度确定最优的工艺参数组合。

国外的学者采用不同的方法开展了参数优化研究,并积累了大量成果。S. V. Kumar 等[108-109]采用灰色关联分析法对电火花线切割加工钛合金时的性能参数(峰值电流、脉冲上升时间和脉冲下降时间)进行了多目标优化,结果表明:通过平衡材料去除率、电极损耗比和表面粗糙度多目标之间的关系得到的加工参数可以更好地保证加工性能。N. Manikandan 等[110]选取材料去除率和阴极外表面与加工部件切削面的间距为优化目标,工艺参数有进给速率、电解质流动速率和电解质浓度,分别采用田口法、信噪比法、方差分析法和灰色关联分析法对电化学钻铣钛合金 TC4 时的工艺参数进行了优化。N. M. Vaxevanidis 等[111]以车削钛合金 TC4 时的主切削力和表面粗糙度为优化目标,选取主轴转速、进给速率和切削深度设计 27 组正交数据表进行了实验,并以方差分析法分析了实验数据,最后以人工神经网络法模拟这些数据进行了参数优化,结果证明:由实验方法和神经网络法相结合的方法得到的工艺参数不仅可以有效地节省成本和时间,还改善了车削加工后的零件表面质量。C. Nandakumar 等[112]为了平衡材料去除率和表面粗糙度之间的关系,采用响应曲面法对电火花线切割钛合金 TC4 时工艺参数进行了优化,结果表明:响应曲面法对于建立统计模型和进行图表分析是一个强有力的工具,在优化参数方面具有较明显的优势。M. Gunay 等[113]以田口法设计 L9 组正交实验,选取铣削力 F_c 和表面粗糙度为优化目标,通过计算实验数据的信噪比数值来选用最优的工艺参数和刀尖圆弧半径。

1.2.9　钛合金切削刀具研究现状

钛合金的切削加工性较差,造成切削过程中铣削温度高,铣削力大,由此加快了刀具的磨损速度。频繁的换刀不仅会降低加工效率,增加加工成本,还会使表面质量降低,所以钛合金刀具的切削性能在切削钛合金过程中显得尤为重要。钛合金刀具的切削性能主要由刀具材料、刀具结构、刀具几何角度等因素来决定。国内外学者对钛合金刀具开展了一系列研究。孙悦[114-115]以航空钛合金整体叶盘为加工对象,开展了整体叶盘盘铣加工刀具方面的研究。先根据整体叶盘通道特征设计盘铣刀的整体结构、确定基本尺寸、设计容屑槽和刀槽结构以及选用合适的刀片材料并完成建模,并通过 DEFORM 软件进行盘铣仿真分析以优化刀具几何参数。Zhu 等[116]利用有限元分析软件对面铣钛合金的刀具进行了优化设计。先在 Pro/E 软件中设计出刀具的三维模型,然后利用有限元分析软件进行刀具变形和应力分析,最后根据分析结果确定合理的刀具结构。李海超[117]以整体叶盘为加工对象,进行了插铣刀结构设计及优化方面的研究。以整体叶盘的通道特征和铣削力为基础,设计插铣刀的结构类型,确定刀具几何参数,选取刀具材料和刀片材料。孙轼龙[118]开展了 PCD 大进给刀具优化设计研究。通过有限元仿真对 PCD 刀具刀尖圆弧半径和刀具几何角度进行选取,再通过实验的方法对其进行优化,并研究了切削力和切削温度与刀尖圆弧半径之间的关系。田汝坤[119]的研究对象为加工钛合金薄壁件的专用刀具,通过对不同的刀尖结构、刀尖圆弧结构、前角、后角和螺旋角对铣削力的影响规律的分析,进而优化刀具几何参数,优选出适合钛合金薄壁加工的刀具结构。杨文恺[120]利用有限元分析软件 AdvantEdge 对微结构刀具进行仿真,得到不同形态的微结构刀具对钛合金切削加工性能的影响规律,进而得到同等状况下最优的微结构刀具。宋灵明[121]将不同结构和参数的立铣刀进行分类及合并,利用 Visual Basic 语言将其设计为"铣刀模块",实现钛合金立铣刀模块化计算机辅助设计。李安海[122]对高速铣削钛合金刀具的涂层选择进行了研究。他分别采用 CrN、TiN、TiAlN、AlTiN 和 AlCrN 五种不同的涂层刀具进行钛合金磨损实验,结果表明:TiAlN 涂层刀具的摩擦因数最低,最适合作为加工钛合金时的刀具涂层。姜振喜[123]以 TC4 - DT 钛合金的动态力学性能和加工特性为基础,提出了刀具设计原则:以玉米边缘齿形状为观察对象,模仿出立铣刀的槽型和微刃结构,并利用有限元仿真优化了刀具结构。高凯晔[124]以螺旋铣孔刀具为研究对象,开展了刀具的优化研究。利用有限元建立三维模型,根据仿真结果分析刀具 V 型刃夹角、V 型刃倾斜角和刀具前角对轴向切削力的影响,以此作为刀具优化的依据,优化后的刀具角度为 V 型刃夹角 120°、V 型刃倾斜角 15°和刀具前角 10°。

查阅相关资料发现,国外对钛合金加工刀具设计及优化方面的研究鲜有发表,大部分文献都是关于钛合金加工刀具磨损研究。拉削作为一种特有的加工工艺,对刀具具有特殊的要求。Sarwar 等[125]研究了不同拉刀的几何角度对加工表面质量的影响,并以此为依据对刀具角度进行了优化设计。Utku Olgun 等[126]提出用旋转的车刀来加工难切削加工材料,通过对比采用固定车刀和旋转车刀的实验结果,得出结论:旋转的车刀可以降低切削温度,延长刀具寿命,从而提高加工效率。

1.3　课题来源及研究目标

1.3.1　课题来源

本课题来源于"高档数控机床与基础制造装备科技重大专项",项目名称为"航空发动机整体叶盘高效强力复合数控铣床开发及应用",课题编号为2013ZX04001 - 081。

1.3.2　研究目标

通过以上分析可知,国内外对于钛合金铣削加工方面的研究,无论是基础理论还是实验方法都已经探索到了一定的深度并积累了大量的研究成果,例如铣削力、铣削温度、变质层、刀具磨损等,但以上研究的关注点都是车削、端铣、侧铣或插铣工艺等。由于高速铣削不仅能提高加工效率,而且能改善表面加工质量,所以大量学者对高速铣削钛合金投入较多精力,很少有人关注低速切削。盘铣刀因为直径大,一般用于低速铣削,又因为其铣削效率高、铣削力大等优点已广泛应用于机械加工领域,但将其应用于整体叶盘的开槽加工还属于一项新工艺和新方法,国内外鲜有这方面的报道。根据本课题组前期的研究成果表明,相比于传统的插铣和侧铣工艺,盘铣工艺能将整体叶盘的开槽效率提高 2~3 倍[8-9]。但在铣削过程中,铣削力大,铣削温度高,而且盘铣刀直径大,使得加工表面发生塑性变形,生成冷硬层,进而加剧刀具磨损,影响表面质量和加工效率。本书通过一系列的理论分析和实验,展开钛合金盘铣高效开槽加工基础研究,旨在探索盘铣开槽工艺的实际应用前景和可能出现的问题,进而优化工艺参数并合理设计刀具,提高刀具的使用寿命,为整体叶盘盘铣开槽工艺的进一步研究与应用提供更多的数据和实验支撑。

由于盘铣过程中铣削力大,铣削温度高,铣削力和铣削热是铣削过程中最重要的两个物理量,表面的加工质量、刀具磨损等都直接受其影响,所以将铣削力和铣削热作为本书研究的出发点,测量盘铣过程中的铣削力、铣削温度,以此为基础开展热力耦合作用对变质层(包括表面和次表面下残余应力、表面显微硬度、表面显微组织)和刀具磨损的研究;盘铣工艺的突出优势在于铣削效率高,对铣削效率影响最为突出的问题是刀具磨损严重,且加工表面容易出现较厚的变质层,因此本书以材料去除率、刀具寿命、残余应力层厚度为目标,展开多目标工艺参数优化研究,以期找到更加合理的铣削参数;盘铣刀结构的合理性直接关系到刀具的使用寿命和盘铣开槽效率的高低,因此最后结合刀具磨损研究中的结论和出现的问题,优化刀具结构,并在已经安装调试完毕的"整体叶盘高效强力复合数控铣削机床"上进行盘铣开槽加工实验。

1.4 研究内容与章节安排

本书的研究内容与章节安排如图 1-5 所示,具体研究内容如下:

第 1 章为绪论。首先简单介绍整体叶盘高效强力复合数控铣削工艺及装备,其次分析目前整体叶盘通道粗加工方法的不足,并提出整体叶盘盘铣开槽粗加工的优势及可能出现的问题,最后提出本书的具体研究内容及章节安排。

第 2 章为热力耦合作用对盘铣开槽加工表面变质层的形成机理分析。首先阐述机械加工变质层的概念及形成机理,其次设计单因素实验,测量盘铣开槽加工过程中的铣削力和铣削温度,并分析工艺参数对铣削力和铣削温度的影响规律,最后以铣削力和铣削温度实验结果为基础,分析热力耦合作用对盘铣开槽加工表面变质层的影响机理。变质层特征包括表面缺陷、表面显微组织变化、表面显微硬度及分布规律、表面残余应力及分布规律。

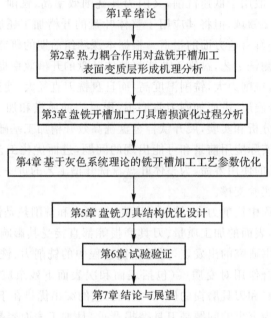

图 1-5　研究内容与章节安排

第 3 章为盘铣开槽加工刀具磨损演化过程分析。用极限实验的设计方法，选用可能造成刀具磨损最严重的铣削参数进行盘铣开槽加工刀具磨损实验，采用表面质量分析仪和扫描电镜观察刀具的破损和磨损形貌，同时应用能谱分析研究刀具的磨损机理。根据后刀面磨损增长量绘制刀具磨损曲线，分析刀具寿命，并以后刀面磨损值随时间的增长量为基础数据，采用灰色系统理论建立刀具寿命预测模型，进行盘铣刀刀具寿命预测研究。

第 4 章为基于灰色系统理论的盘铣开槽加工工艺参数优化。对于一般的加工来说，工件和夹具是设定好的，刀具和机床的结构优化起来成本又太高，因此为了得到更优的切削效果，优化工艺参数是比较可行的方法。铣削过程受多种因素的制约，单目标优化会造成结果的不合理，所以采用灰关联分析法，以材料去除率、刀具寿命和残余应力层厚度为优化目标，开展工艺参数多目标优化研究，通过分析主成分计算加权灰色关联度，并建立工艺参数与灰色关联度的优化模型，利用优化后的工艺参数进行盘铣开槽加工对比实验，以验证该方法的可靠性。

第 5 章为盘铣刀具结构优化设计。以盘铣开槽加工刀具磨损研究结果为基础,选取 X 型航空发动机 1~6 级压气机盘为加工对象,分析其通道特征,规划盘铣加工区域,在此基础上设计盘铣刀的结构和尺寸,确定齿数、容屑槽形状、刀片夹紧方式、盘铣刀装夹结构,根据盘铣开槽加工的特点及第 3 章刀具磨损研究结果确定刀具几何角度、刀片形状和尺寸、刀体和刀片材料。

第 6 章为实验验证。以 X 型航空发动机 2 级压气机盘为加工对象、整体叶盘高效强力复合数控铣削机床为加工平台、结构优化后的盘铣刀为实验切削刀具,开展整体叶盘盘铣高效开槽加工实验,以验证整体叶盘盘铣开槽的可行性,并对比盘/插铣开槽加工效率,同时利用表面质量测量仪观察盘铣刀磨损情况,绘制刀具寿命曲线,分析刀具寿命,为进一步整体叶盘盘铣高效开槽加工工艺参数优化和刀具结构优化提供良好的实验基础。

第 7 章为总结与展望 。对本书的研究成果进行总结,并对进一步的研究进行展望。

第2章 热力耦合作用对盘铣开槽加工表面变质层形成机理分析

2.1 引　言

在钛合金盘铣开槽加工过程中,铣削力大,铣削温度高,由于热力耦合作用,已加工表面和次表面必然发生机械的、物理的、化学的变化。盘铣开槽属于粗加工,表面的变化特征(包括表面形貌、表面纹理、表面粗糙度)会被后续的工序铣削掉,对零件的疲劳寿命不造成显著影响。但次表面以下的变化特征,即变质层(包括表面残余应力及分布规律、表面显微组织变化、表面显微硬度变化、表面裂纹等),不仅会对后续加工中的刀具磨损产生影响,还会影响到零件的疲劳性能。本章首先对机械加工中的变质层形成机理及概念进行系统的阐述,然后通过一系列实验,开展钛合金盘铣开槽加工变质层研究。建立残余应力预测模型,并检验其显著性;分析热力耦合作用下表面残余应力及分布规律、表面显微组织变化规律、表面显微硬度及分布规律,为后续相关研究提供实验基础。

2.2 盘铣开槽加工热力耦合应力场产生机理分析

图2-1为盘铣开槽加工过程中钛合金发生剪切、塑性变形的示意图,钛合金从 OA 线开始发生塑性变形,到 OM 线结束,称为第一变形区(Ⅰ);切屑底层沿前刀面挤出,切屑受到前刀面的挤压与摩擦,使底层很薄的一层金属晶粒沿前刀面方向纤维化,称为第二变形区(Ⅱ);刀具钝圆及后刀面与已加工表面发生挤压、摩擦,以及材料的回弹,引起塑性变形及加工硬化,称为第三变形区(Ⅲ)。

如图2-2所示,在钛合金发生剪切及塑性变形的过程中,刀具或工件受到的力来自三个方面,分别为克服材料弹性变形所产生的抗力、克服材料塑性变形所产生的抗力、刀具前刀面与切屑及后刀面与已加工表面之间的摩擦力。摩擦及变形所产生的热量使得刀具及变形区的温度上升,从而形成热力耦合应力场。该应力场会对刀具磨损及已加工表面特征(如表面裂纹、微观组织、显微硬度、残余应力)产生重大影响。

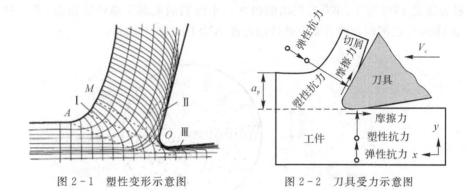

图 2-1　塑性变形示意图　　　　图 2-2　刀具受力示意图

　　盘铣开槽加工过程中盘铣刀直径大、切削厚度大,且钛合金弹性模量小、回弹量大,使得吃刀抗力增大;钛合金热导率低,使得加工过程中产生的热量很难传导出去,导致切削温升高,从而使热力耦合应力场对刀具及工件的作用更加明显。

2.3　变质层理论

2.3.1　变质层概念

　　机械加工后的表面在多种因素的作用下,会形成一定的表面特征(包括表面形貌、表面纹理、表面粗糙度),而表面下一定深度的材料因发生塑性变形而产生不同于基体材料特征的变形区域,称为变质层[127]。变质层原有的组织结构被破坏,晶粒发生拉伸变形、破碎、相变等,从而使表层硬度增加,给切削加工造成一定困难;如果变质层区域存在残余应力,容易引发裂纹,降低零件的疲劳寿命。

　　机械加工中所研究的变质层特征主要包括表面层以下由机械的、物理的和化学的作用而引起变化的内部特征[128]。具体的变质层特征包括表层残余应力及残余应力的分布、显微组织变化、硬化层的深度和硬度、塑性变形层。变质层的示意图如图 2-3 所示。

2.3.2　变质层评价方法

　　变质层评价属于表面完整性评价的一部分,这里借用表面完整性评价方法中的部分内容作为变质层的评价方法,从而使读者了解表面完整性数据组的内容。

　　依据表面完整性数据组所包含的内容不同,其评价方法主要有以下两种:一种方法是 1972 年 F, K&C 提出的包含三个级别的表面完整性数据组；另一种是 1986 年美国颁布的表面完整性的标准 ANSI B211.1 1986。

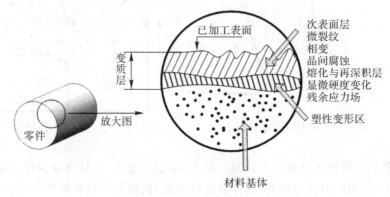

图 2 - 3　变质层示意图

表 2 - 1[128] 为第一种表面完整性数据组所包含的内容，主要包括三个级别的数据组，分别是最小数据组、标准数据组和扩展数据组。其中最小数据组主要包含表面特征、低倍组织、微观组织和显微硬度四个方面内容，是一种非常经济的表面完整性评价方法；标准数据组不仅包含了最小数据组的全部内容，还增加了残余应力、疲劳实验和应力腐蚀实验三部分内容；扩展数据组除了包含前两个数据组的内容外，还增加了疲劳实验（设计数据）、应力腐蚀（选定环境）和补充的机械实验等。

表 2 - 1　表面完整性数据组

最小数据组	标准数据组	扩展数据组
表面特征	最小数据组	标准数据组
表面形貌（粗糙度）	残余应力（或变形）	疲劳实验（设计数据）
表面纹理	疲劳实验（试件）	应力腐蚀（选定环境）
低倍组织	应力腐蚀实验	补充机械实验
宏观裂纹		抗拉实验
宏观侵蚀迹象		应力破坏实验
微观组织		蠕变实验
微观裂纹		特殊实验：摩擦、磨损、密封、承载性能
塑性变形		断裂韧性实验

续表

最小数据组	标准数据组	扩展数据组
相变		低周疲劳实验
晶间破坏		高温或低温实验
微观缺陷(撕裂、褶皱)		裂纹扩展实验
积屑瘤		表面化学实验
熔化与再沉积层		
选择性侵蚀		
显微硬度		

表 2-2[128] 为 1986 年美国颁布的表面完整性评价国家标准 ANSI B211.1 1986,与 F,K&C 数据组相比,该标准删除了扩展数据组的内容,内容更加简化。另外,该数据组制定了两级加工精度:粗劣加工和精细加工。对比表 2-2 与表 2-1 中的数据组,发现其不同之处在于表 2-2 中数据直接和实验测试联系起来,更加实用可行。本章关于变质层的评价就是基于此项标准,结合盘铣工艺的特点及整体叶盘的工作情况选取数据组中相应内容进行评价。

表 2-2　表面完整性评价方法(ANSI B211.1 1986)

最小数据组(MIIDS) (最少两种加工强度等级)	标准数据组(SIIDS)
材料、材料硬度以及热处理或冶金状态	最小数据组
工艺以及工艺强度等级或者加工参数	+
表面粗糙度 Ra	残余应力分布
横截面微观组织照片(×1 000)	高周疲劳 $S-N$ 曲线
显微硬度变化	参考的 $S-N$ 曲线或材料的基础疲劳极限强度

2.3.3　变质层的表征模型

变质层的表征模型如图 2-4 所示,图中 h 表示已加工表面下的深度。从图中可以看出变质层可表示为当 $h>0$ 时,材料特征的变化情况。主要特征参数有显微组织照片、显微硬度 H、表面残余应力 σ_r、显微硬度梯度 $\nabla H(h)$、残余应力梯度 $\nabla \sigma(h)$ 等。

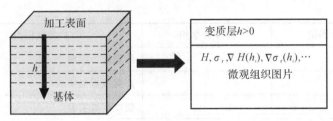

图 2-4 变质层表征模型

2.4 实验条件及方案

2.4.1 材料

实验选用的钛合金材料 TC4(Ti6Al4V),是一种典型的 α＋β 型钛合金,它以优良的综合力学性能、高比强度、高热强度、高温抗腐蚀性好等特性,在航空航天领域已得到广泛应用。本次实验中选用的钛合金材料 TC4(Ti6Al4V)经过热处理及高温锻造,其测试硬度为 HV33~35,它的微观结构组织如图 2-5 所示,由等轴状组织 α 相及长片状组织 β 相组成,其化学成分见表 2-3,力学性能见表 2-4,试样尺寸为 120 mm×60 mm×15 mm。

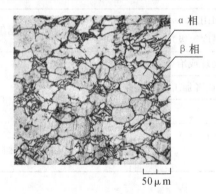

图 2-5 TC4 钛合金微观结构图

表 2-3 TC4 钛合金化学成分

成 分	Al	V	Fe	C	O	H	N
含量/(%)	5.50~6.75	3.50~4.50	≤0.3	≤0.1	≤0.2	≤0.015	≤0.05

表 2－4　TC4 钛合金力学性能

抗拉强度 σ_b/MPa	规定残余伸长应力 $\sigma_{r0.2}$/MPa	伸长率 δ/(%)	断面收缩率 ψ/(%)
≥895	≥825	≥10	≥25

2.4.2　刀具

在本次实验中选用的是由株洲钻石切削刀具股份有限公司生产制造的整体错齿三面刃盘铣刀。刀片材料为硬质合金 YG6，它的组成成分为 94％的 WC 和 4％的 Co，盘铣刀的几何参数见表 2－5。

表 2－5　盘铣刀几何参数

刀具直径 mm	齿数	刀具厚度 mm	刀体	刀片材料	前角	后角	主切削刃刃倾角	副切削刃刃倾角	刀尖圆弧半径 mm
200	16	20	结构合金钢	YG6	5°	4°	15°	12°	1

2.4.3　加工条件

选用 XH716 立式加工中心作为铣削实验平台。为了延长刀具的使用寿命，采用顺铣铣削方式，选取乳化液作为冷却液。本书所有的研究内容是为了将盘铣工艺应用于整体叶盘开槽加工而进行的，由于将盘铣应用于整体叶盘的开槽加工是一种新工艺和新思路，并没有相关的工艺参数可以参考，只能根据前期的研究成果及现有加工设备的工况进行参数选定。具体工艺参数的确定方法如下：盘铣开槽切削效率高、盘铣刀直径大，且在高效强力复合铣装备中，所设计盘铣主轴头的最高主轴转速为 100 r/min，所以本次实验中将主轴转速最大值设为 100 r/min；切削厚度则根据整体叶盘通道特征确定，最后根据机床可承受的振动范围选择进给速度。设计单因素实验，实验参数见表 2－6。

表 2－6　实验参数

实验方法	主轴转速 n/(r·min^{-1})	切削厚度 a_p/mm	进给速度 v_f/(mm·min^{-1})
单因素实验	40、55、70、85、100	2、4、6、8、10	40、55、70、85、100

2.4.4　实验方案

1.铣削力

铣削力测量采用三向动态压电式测力仪，其测量原理如图 2－6 所示，主要利用了非金属材料的压电效应,典型的非金属材料有石英晶体、压电陶瓷等[129]。其测量原理为:当外界向其施加外力时,压电材料表面便会产生电荷,电荷的大小跟外力的大小成正比。产生的电荷通过一个电荷放大器转换成电压的形式进行测量,电压参数通过采集卡再转换成力的形式,换算成力的大小,最后传输到计算机上进行数据处理,得到结果。

铣削力测试系统如图 2-7 所示,其主要由 Kistler 9225B 三向动态压电式测力仪、Kistlter 5017A 电荷放大器组成,测试结果传输到数据采集系统 DEWE3010,从而得到最后的结果。本次实验中测量了三个方向的铣削力,分别是 F_x ——垂直于刀具进给方向、F_y ——平行于刀具进给方向、F_z ——平行于铣削轴方向。

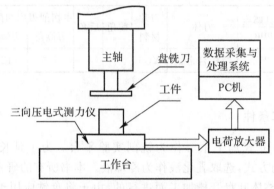

图 2-6 铣削力测量原理图

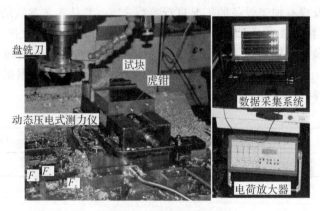

图 2-7 铣削力测试系统

本次实验中所选用的盘铣刀有 16 个齿,每个齿之间的距离较大,周期性地与工件接触,每次接触相当于刀具对工件施加脉冲冲击,所以冲击是呈现周期性变化的。冲击使得刀具和工件发生振动,进而引起切削厚度变化,最终导致了铣削力的变化。因此铣削力波形也是呈周期性变化的,如图 2-8 所示。取铣削力波形中 50 个连续峰值的平均值作为铣削力测量结果(见表 2-8)。

由图 2-8 可知,铣削力 F_x 最大,F_y 次之,F_z 最小,在铣削过程中铣削力 F_x 作用于主切削刃,直接形成盘铣开槽已加工表面,所以 F_x 对表面加工质量、刀具振动、刀具磨损等起着重要作用,必须在铣削过程中加以控制。

因为 Z 向没有位移,所以振动较小,变化不大。

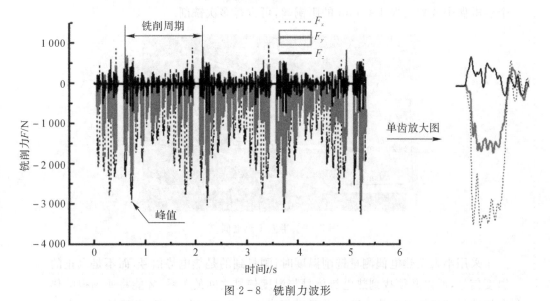

图 2-8　铣削力波形

2.铣削温度

本次实验中选用夹丝半人工热电偶法来测量切削刃处的瞬时温度,工作原理是温度差电效应[130]:将两种不同的材料连接在一起,由于某种因素的作用使得两接点处的温度不同,温差会在两接点间引起电动势,进而产生热电流。

先将两块尺寸为 120 mm×60 mm×15 mm 的 TC4 钛合金试块在平面磨床上进行表面磨削,以降低其表面粗糙度,然后将磨削后的表面擦拭干净备用。取康铜丝(ϕ0.03 mm)100 mm 长,用锤子将一端 70 mm 的长度砸扁成康铜箔片,另取一根康铜丝(ϕ0.03 mm),长度为 60 mm,用同样方法将其中一端 30 mm 砸扁成康铜箔片备用。将 AB 胶均匀涂抹在磨削后的钛合金试块表面,剪裁两片云母片,尺寸为 60 mm ×20 mm,作为绝缘层,分别贴在涂完胶水后的钛合金试块表面(两片云母片贴的位置要相同,以免贴合的时候错位,错位的使绝缘性变差)。最后将两根康铜丝箔片平行放置在贴有云母片的位置(长度为

100 mm 的康铜丝箔片伸出 10 mm 于钛合金试块外侧,长度为 60 mm 康铜丝箔
片则不用伸出钛合金试块外侧,取合适中间位置放置即可)并保持一定的距离,
将两块钛合金试块贴合在一起,制作成热电偶。为保证康铜丝与钛合金试块间
构成半人工热电偶回路,必须保证康铜丝箔片与钛合金试块的绝缘性、工件与夹
具间的绝缘性以及两个钛合金试块的贴合紧固程度。因此,用万用表测量热电
偶的绝缘性之后将其放置在虎钳上夹紧,并在室温下放置至少 8 h 以备用。本
次实验中制作好的 TC4 -康铜丝半人工热电偶如图 2-9 所示。为节省材料,每
个热电偶中放置两根 100 mm 的康铜丝,可进行多次铣削。

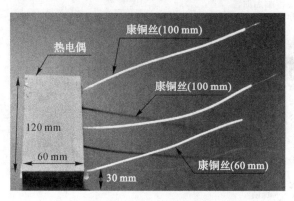

图 2-9　半人工热电偶

　　采用半人工热电偶测量铣削温度时,测量到的是热电势信号,而不是真正的
温度信号,所以必须找到热电势信号与温度信号之间的关系,才能将所测得的热
电势信号转换为温度值。这就需要进行半人工热电偶的标定,也就是将半人工
热电偶放在不同的温度环境中,观察热电势随温度变化而变化的情况。

　　热电偶的标定方法可分为三种:纯金属定点法、黑体空腔法、比较法。其中
比较法就是将被标定的热电偶和高一级别的标准热电偶进行直接比较,该方法
具有设备简单、操作方便等优点,适用于标定标准热电偶和各种热电偶,因而得
到广泛应用。本书采用比较法标定 TC4 -康铜非标准热电偶,其标定原理如下:
本次实验采用的标准热电偶是镍铬-镍标准 S 型热电偶,标定设备如图 2-10 所
示。采用单接点动态标定方法将 TC4 -康铜非标准热电偶和标准 S 型热电偶放
入高温管式炉(型号:HYTG -1600)中进行加热,通过温度控制仪设置每次升温
100 ℃,此即为标准热电偶的实际温度,观察直流电位差计(型号:UJ33a)输出电
压,两者一一对应即可。为更好地研究非标准热电偶的特性曲线,在本次实验中
不仅标定出了温度上升时的特性曲线,更标定出了温度下降过程中的特性曲线,
其标定曲线如图 2-11 所示。

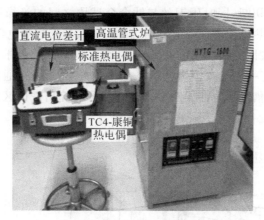

图 2 - 10　热电偶标定设备

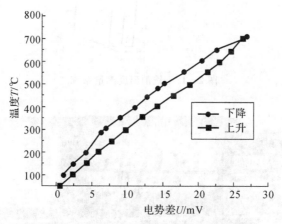

图 2 - 11　TC4 - 康铜非标准热电偶标定曲线

对标定曲线进行拟合,其拟合结果为

$$T_{up} = 58.812\ 95 + 39.239\ 88U - 0.836\ 97U^2 + 0.010\ 24U^3 \qquad (2 - 1)$$

$$T_{down} = 30.091\ 05 + 33.537\ 84U - 0.836\ 74U^2 + 0.019\ 8U^3 \qquad (2 - 2)$$

式中　　T_{up} 和 T_{down} —— 热接点的温度;

　　　　U —— 对应的热电势。

其拟合的精度为:T_{up} 和 T_{down} 的判定系数 R - Square 分别为 0.998 8 和 0.999 28,SD 分别为 6.865 78 和 5.212,$P < 0.000\ 1$,可满足测量铣削温度实验的要求。

铣削温度的测量系统由 TC4 - 康铜半人工热电偶、A11S11 信号处理模块、UA 高速 USB 数据采集卡和计算机组成,如图 2 - 12 所示。当盘铣刀经过铣削区域时,康铜丝被切断,同时康铜丝与钛合金试块之间的绝缘层(云母片)被破坏,刀具与工件及热电偶之间瞬时导通,温度升高,便形成热电偶的热端;离铣削区域较远的另一端因为温度变化不明显,将作为热电偶的冷端,这样康铜丝和钛合金试块就构成了一个半人工热电偶。在铣削实验过程中,通过测量热电偶之间的热电势,进而借助标定曲线及拟合公式便可计算出铣削区的瞬时温度。铣削温度测试实验设备如图 2-13 所示。

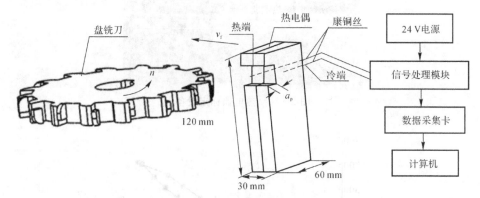

图 2-12　铣削温度测量系统

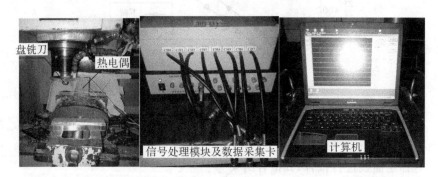

图 2-13　铣削温度测试实验

　　图 2-14 为实验中采集到的热电势信号。由于在盘铣开槽加工过程中,铣削温度会随着加工的进行不断上升,所以本次实验中选择式(2-1),即以上升过程的标定曲线做为铣削温度和热电势的转换公式。具体做法如下:将图 2-14 中的最大值代入式(2-1),即可换算出实验中具体的铣削温度值。铣削温度实验的具体值见表 2-8。

　　3.表面缺陷

　　表面缺陷采用扫描电子显微镜(SEM)MIRA3-XMU 进行观察,并利用能谱分析(EDS)对材料进行化学成分分析,如图 2 - 15 所示。由于盘铣刀的刀齿两两交错分布,关于轴向对称分布,造成铣削表面的质量也关于中心对称分布,所以分别选取铣削表面中心(A 点)和铣削表面边缘(B 点)来研究表面缺陷,如图 2 - 16 所示。

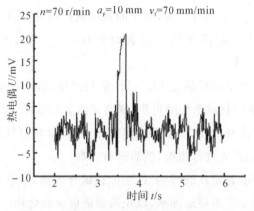

图 2 - 14　热电势信号图

图 2 - 15　MIRA3 - XMU 扫描电子显微镜

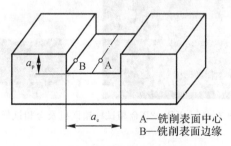

A——铣削表面中心
B——铣削表面边缘

图 2 - 16　表面缺陷分析示意图

4. 表面微观组织

表面微观组织同样可通过扫描电子显微镜进行晶格扭曲、晶相改变、微观裂纹、塑性变形、切屑瘤、熔化、再沉积与变质层等变化情况的观察与记录。要清楚地观察到微观组织的变化情况,金相试样的制作很重要。根据本次实验中的工件材料及笔者所有实验室现有设备,拟定的金相试样的具体制作步骤如下:

(1)取样。用线切割机床沿铣削表面垂直方向,取尺寸约为 20 mm × 5 mm × 5 mm 工件材料。

(2)嵌样。将切割下的样品在 XQ-2B 金相试样镶嵌机(见图 2-17)镶嵌成 TC4 金相试样,镶嵌材料是酚醛树脂,镶嵌好的金相试样如图 2-17 所示。

(3)磨光。将镶嵌好的 TC4 金相试样在 R-2A 金相试样抛光机上进行磨光,如图 2-18 所示,首先进行粗磨,然后进行细磨。

(4)抛光。将研磨膏涂在磨好的 TC4 金相试样表面,继续在金相试样抛光机上抛光,抛光过程中要不停地加水,以免高温造成表面烧伤。

(5)浸蚀。将抛光好的 TC4 金相试样在配比好的腐蚀液中进行浸蚀,用镊子将抛光表面在腐蚀液中浸蚀 5~10 s,立刻取出,然后用清水冲洗干净。另外在观察之前用热气将浸蚀表面吹干。TC4 的腐蚀液的体积比为 $V(\mathrm{HF})$: $V(\mathrm{HNO_3})$: $V(\mathrm{H_2O})=1:1:20$。

图 2-17 XQ-2B 金相试样镶嵌机及金相试样

图 2 - 18　R - 2A 金相试样抛光机

5. 表面硬化

表面硬化层的分布采用 FEM - 8000 自动显微硬度测试仪进行测试(见图 2 - 19)。显微硬度的测试和显微组织一样,先需要制备金相试样,其过程和方法与制备显微组织观察的金相试样一样。在本次实验中,将观察过显微组织的金相试样再一次在抛光机上进行抛光,再在自动显微硬度测试仪上测试硬度。表面硬化层的具体测试方法如下:先在 TC4 金相试样铣削表面 10 μm 以下施加 25 g 载荷,并保持 6 s,在同一水平位置选取三个不同的点重复测量三次(三个点之间要保证一定的间距),取其平均值作为此深度的硬度值,然后每次向下移动 10~20 μm,重复以上步骤进行硬度测量,直到硬度值为基体硬度为止。显微硬度的测量原理图如图 2 - 20 所示。

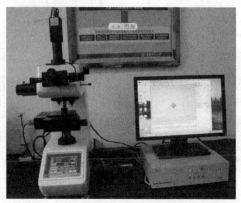

图 2 - 19　FEM - 8000 自动显微硬度测试仪

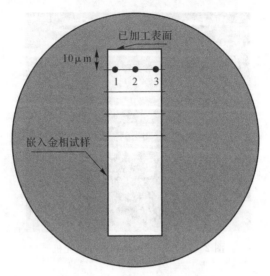

图 2-20　显微硬度测试原理图

6. 表面残余应力

本次实验中采用 LXRD MG 残余应力测试分析系统（见图 2-21），选用铜靶靶材对铣削表面的残余应力进行测量。残余应力测试基本参数设置见表 2-7。残余应力测量示意图如图 2-22 所示，在铣削表面沿进给方向和垂直于进给方向各选取 3 个点进行表面残余应力测量，取 3 点的平均值作为实验值，分别记为 σ_x 和 σ_y，测量结果见表 2-8。

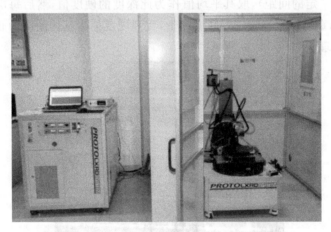

图 2-21　LXRD MG 残余应力测试分析系统

表面下残余应力测试采用电化学腐蚀法,具体方法为采用电解抛光机(见图 2-23)对铣削表面进行电解剥层,剥层时间约为 15 s,用千分尺控制每次剥层的厚度,为 10~20 μm,将每次剥层后的 TC4 铣削表面在 LXRD MG 残余应力测试分析系统下进行残余应力测试,重复以上步骤,直到测得的残余应力值为 0 为止。

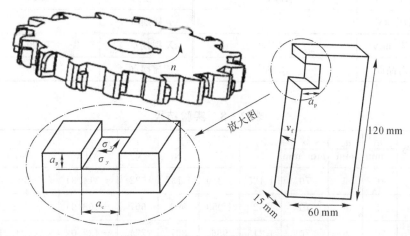

图 2-22　残余应力测量示意图

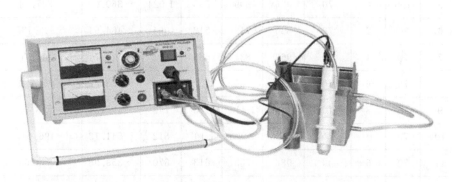

图 2-23　电解抛光机

表 2-7　残余应力基本测试参数

参数名称	具体参数	参数名称	具体参数
测量方法	侧倾固定 ψ 法	布拉格角/(°)	142
定峰方法	交相关法	曝光时间	2.00

续表

参数名称	具体参数	参数名称	具体参数
材料	TITANIUM Standard	曝光次数	10
靶材	Cu－Kα	增益纠正	P/G/s
波长/nm	1.542	β 摇摆/(°)	5.00
电压/kV	25	Φ 摇摆/(°)	0.00
电流/mA	30	X 摇摆/(°)	0.00
衍射晶面	{213}	Y 摇摆/(°)	0.00

表 2－8　实验结果

序号	$\dfrac{n}{\text{r/min}}$	$\dfrac{a_p}{\text{mm}}$	$\dfrac{v_f}{\text{mm/min}}$	$\dfrac{F_x}{\text{N}}$	$\dfrac{F_y}{\text{N}}$	$\dfrac{F_z}{\text{N}}$	$\dfrac{T}{℃}$	$\dfrac{\sigma_x}{\text{MPa}}$	$\dfrac{\sigma_y}{\text{MPa}}$
1	40	6	70	1 425	1 240	1 137	532	−514.31	−502.51
2	55	6	70	1 320	1 053	992	607	−468.04	−432.21
3	70	6	70	1 215	966	857	774	−432.02	−424.215
4	85	6	70	1 110	917	721	824	−409.21	−387.78
5	100	6	70	926	809	553	1 024	−360.09	−347.74
6	70	2	70	836	742	512	604	−404.94	−393.135
7	70	4	70	963	831	587	661	−423.71	−412.76
8	70	6	70	1 215	966	857	774	−432.02	−424.215
9	70	8	70	1 657	1 415	978	743	−498.34	−478.87
10	70	10	70	2 033	1 906	1 197	812	−541.13	−496.645
11	70	6	40	986	763	613	570	−353.98	−363.65
12	70	6	55	1 034	865	679	645	−387.3	−392.526
13	70	6	70	1 215	966	857	774	−432.02	−424.215
14	70	6	85	1 341	1 126	976	849	−445.67	−453.45
15	70	6	100	1 466	1 227	1 078	967	−484.83	−467.7

2.5　实验结果分析

2.5.1　工艺参数对铣削力影响规律分析

根据表 2-8 中的数据绘制工艺参数对铣削力的影响规律曲线,如图 2-24 所示。由图 2-24(a)可知,铣削力 F_x、F_y、F_z 随着主轴转速的增加而减小,三个方向的分力的变化范围分别是[926,1 425][809,1 240]、[553,1 137]。造成这一现象的原因主要是在铣削过程中产生的摩擦力和剪切力。当主轴转速增大时,铣削温度也将上升(见 2.5.2 节铣削温度实验结果分析),进而减小了钛合金材料弹性变形能力,导致摩擦力减小[131]。另外,当主轴转速上升时,剪切角和剪切面积变小,所以在相同的剪切强度下,剪切面积的变化导致剪切力减小[131]。以上因素最终引起铣削力随着主轴转速的增加而减小。

由图 2-24(b)(c)可知,相对于主轴转速来说,切削深度和进给速度对铣削力 F_x、F_y、F_z 有着相反的影响,即铣削力 F_x、F_y、F_z 随着切削深度和进给速度的增大而增大,F_x、F_y、F_z 随着切削深度的变化范围分别是[836,2 033][742,1 906][512,1 197],随着进给速度的变化范围是[986,1 466][762,1 227][613,1 078]。可以从铣削温度方面来解释这一现象产生的原因。当切削深度和进给速度增大时都会引起铣削温度的升高(见 2.5.2 节铣削温度实验结果),加工表面产生塑性变形,进而使材料表面硬度增加,为克服塑性变形产生的影响,铣削力必须增加才能完成材料的剪切。而且,当切削深度和进给速度增大时,切削面积增大,同样也会引起铣削力增大。

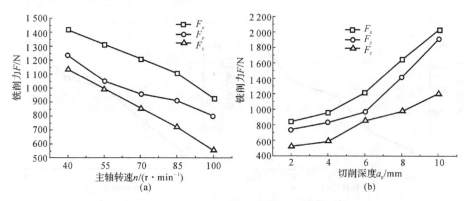

图 2-24　工艺参数对铣削力的影响

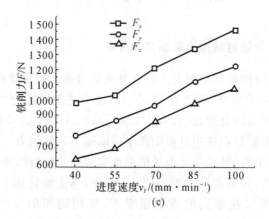

续图 2-24 工艺参数对铣削力的影响

2.5.2 工艺参数对铣削温度影响规律分析

根据表 2-8 中的铣削温度实验结果,绘制工艺参数对铣削温度的影响曲线,如图 2-25 所示。由图 2-25 可知,铣削温度随着各个工艺参数的增加而增加。当主轴转速不断升高时,铣削温度的变化范围是 [532,1 024];当切削深度从 2 mm 增加到 10 mm 时,铣削温度变化范围是 [604,812];对于不同的进给速度来说,铣削温度的变化范围是 [570,967]。

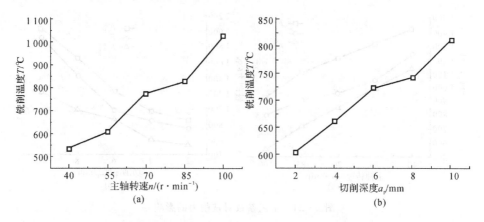

图 2-25 工艺参数对铣削温度的影响规律

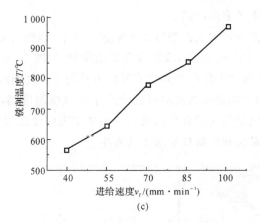

续图 2-25　工艺参数对铣削温度的影响规律

　　当主轴转速和进给速度增大时,单位时间的切削量将增大,同时材料与剪切面之间的接触时间将变短,铣削过程中产生的切削热很难通过切屑释放出去,导致铣削温度升高[132]。随着切削深度的增加,切削面积增加,进而前刀面与切屑之间和后刀面与加工表面之间的摩擦力增加,在剪切变形发生的过程中,将产生更多的切削热,导致铣削温度上升[133]。另外,在切削深度增加的同时,虽然产生更多的切削热,但由于切削面积增加,更多的切削热也将随着切屑而散失,所以切削深度的变化不及主轴转速对铣削温度的影响显著。

2.5.3　表面缺陷分析

　　选取♯8 试件作为观察对象,铣削参数为 $n=100$ r/min, $a_p=6$ mm, $v_f=70$ mm/min,用扫描电子显微镜在 500 倍或 1 000 倍的放大倍数下进行表面缺陷的观察。结果表明,在铣削表面的边缘处发现了垂直于铣削方向的微裂纹,如图 2-26(a)所示。微裂纹主要是铣削过程中的高温造成的。由以上分析我们知道,铣削边缘处的铣削热大部分传递给加工表面,而且冷却条件也较差,导致此区域温度升高[134-135]。铣削加工为断续切削,刀具和表面都承受着交替性的冲击,特别当刀具切入和切出时这种冲击更大,在工件表面会产生热应力,随着切削的不断进行,工件表面的材料聚集的热应力超过材料的疲劳极限时,便产生裂纹[136]。如图 2-27 (a)所示,在铣削表面边缘处发现了凹陷现象,这很可能是由加工振动引起的。本次实验中的刀具尺寸较大、齿数较多,由于加工制造的误差,每一个齿可能不在同一个圆周上,因此每个齿上的铣削力也不尽相同。另外,由于采用的是错齿盘铣刀,每两个齿交错分布,这种情况也引起了铣削力的分布不均。综合以上情况,由于铣削过程中的振动不可避免,所以当刀具接触到铣削表面时,便产生了表面凹陷。

另外,采用能谱分析对表面裂纹和凹陷进行观察,观察结果显示除了钛合金 TC4 的元素(Ti、Al、V 和 N)外,没有发现其他元素,如图 2-26(b)和 2-27(b)所示。由此证明在裂纹和凹陷处并没有发生刀具与工件之间的氧化、黏结、扩散现象。分析其原因可能是虽然铣削过程中产生的铣削温度高,但刀具与工件之间的接触时间短,铣削热还没有来得及传递给加工表面便被切屑带走,需要高温才能形成的氧化、黏结和扩散现象来不及发生。

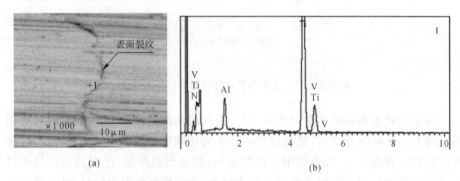

图 2-26　铣削表面边缘裂纹及能谱分析
(a)扫描电子显微镜裂纹图片;　(b)裂纹能谱分析

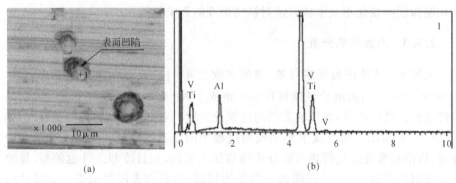

图 2-27　铣削表面中心凹陷及能谱分析
(a)扫描电子显微镜凹陷图片;　(b)凹陷能谱分析

2.5.4　表面微观组织分析

2.5.4.1　微观组织的形成机理[128-129]

由切削引起的材料塑性变形,实际上是材料内部晶粒发生拉伸、挤压、破碎或相变所造成的。在切削过程中,时间非常短,材料的变形速度快,局部变形应变率高。因此我们可以将影响微观组织变化的因素分为三个方面:应变、应变率和温度。

1. 应变对微观组织的影响

在切削过程中,受切削力和切削热的作用,材料晶粒便会产生拉伸、扭曲、破碎、相变、第二含量相变等现象,微观组织从而发生变化,表面则表现为塑性变形。晶粒扭曲、拉伸和破碎主要是由切削力引起的。相变则是在一定的温度或压强下从一种相变化为另一种相的过程。以上现象都可以通过电子显微镜观察到。刀具的锋利与否直接影响应变量的大小。采用锋利的刀具进行切削时,材料表层的应变量较小,变质层也较浅;而刀具磨损后变钝时,刀具采用的是“熨平式”切削,故材料表层应变量较大,变质层较厚,所以一般不用磨损后的刀具进行切削。表层金属的应变量大小直接影响着微观组织变化的程度。

2. 应变率对微观组织的影响

应变率是指单位时间内发生的线应变或剪应变,是表征材料变形速度的一个物理量。应变率高,材料表层会以孪晶形式代替滑移形式发生变形。同时应变率的高低也会影响材料变形过程的产热效率,影响材料的温升效果,从而对材料的性能造成影响。

3. 温度对微观组织的影响

在材料的切除过程中,温度是造成微观组织变化的主要原因。当材料表层温度达到或超过相变温度时,表层的微观组织会因相变而发生改变,从而影响材料的表层特性。温度对第二相强化溶解和晶粒变化也起着积极的作用。温度升高,不仅会使第二相析出,也会使材料内部的扩散激活能升高,导致材料扩散,晶粒长大。

2.5.4.2　热力耦合对微观组织的影响

由显微镜观察到的 ♯5,♯10 和 ♯15 试块的表层微观图片如图 2-28 所示。从图中可以看到,铣削后的加工表面塑性变形明显,可以观察到明显的晶粒拉伸变形,α 相从最初的等轴态组织转变为长片状组织,但相变并没有发生。变形层的深度 h_M 分别达到 75 μm,113 μm,85 μm。

因为并没有观察到相变现象的出现,所以可以推测出微观组织的变化主要是由铣削力引起的,而且铣削力越大,拉伸变形越明显。因此机械负荷是造成铣削微观组织变形的主要原因[137]。

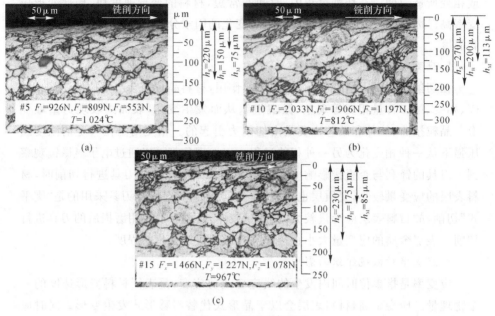

图 2-28 微观组织图片

2.5.5 加工表面硬化分析

2.5.5.1 表面硬化的形成机理

1.热力耦合机理[128]

在切削过程中,加工表面同时承受着来自刀具后刀面的摩擦力和挤压力,已加工表面层的金属晶格在力的作用下发生拉伸、扭曲、破碎等,生成了塑性变形层,阻碍了塑性变形的进一步发生,使金属强化,表面硬度增加。另外,切削加工过程中产生的热量对已加工表面也具有重要影响。当切削温度超过材料的相变温度时将会发生相变,同样也会使表面硬化。所以已加工表面硬化是铣削力和铣削热共同作用的结果。切削力越大,切削温度越高,硬化程度越严重,硬化程度可达 120%~200%,同时硬化层也越深,可达几十到几百微米不等。

2.位错机理[97]

材料中晶粒的变形与位错运动会引起表面发生硬化。因此我们可以根据位错理论建立硬化动力学模型,解释表面硬化产生的机理。根据文献[138]可知,已加工表面的硬化程度与表面位错密度之间存在一定的关系,可表示为

$$H_d = \frac{Gb}{k_d}\sqrt{\rho_d} \qquad (2-3)$$

式中 H_d——表面硬化程度；

       k_d——位错结构和分布有关因子，对于刃型位错 $k_d = 1 - v$；

       ρ_d——加工后的表面位错密度；

       G——剪切弹性模量；

       b——原子间距。

由式（2-3）可知，表面的硬化程度随着表面位错密度的增大而增大。

在切削过程中，加工表面承受着来自刀具后刀面的摩擦力和挤压力的共同作用，随着切削的不断进行，表层材料中的晶粒拉伸、扭曲、破碎的程度不断增大，相应地位错密度也跟着发生变化，进而影响表面硬度发生变化。假设位错密度与表面深度 h 有以下关系：

$$\rho_d(h) - \rho_{d0} = p(h)N(h) \tag{2-4}$$

式中 ρ_{d0}——加工后的表面位错密度；

       $p(h)$——平面体积单位长度上的位错数量；

       $N(h)$——距离已加工表面深度 h 处的单位长度上的滑移带数目。

平面体积单位长度上的位错数量为

$$p(h) = \frac{\pi(1-v)\sigma(h)}{Gb} \tag{2-5}$$

式中 $\sigma(h)$——距离已加工表面深度 h 处的流动应力，可以借助于有限元或实验方法获得。

$$N(h) = \rho_d(\sigma_y, t)(t - h/v_d)\exp\left[-\int_0^h \alpha(h')\mathrm{d}h'\right] \tag{2-6}$$

或

$$N(h) = N_0(1 - h/H)\exp\left[-\int_0^h \alpha(h')\mathrm{d}h'\right] \tag{2-7}$$

式中 $\rho_d(\sigma_y, t)$——单位时间内表面层单元长度上生长的新滑移带；

       v_d——平均位错运动速度；

       $\alpha(h')$——位错停滞概率；

       N_0——表面层内滑移带密度；

       H——t 时间内的位错运动距离，且有 $H = v_d t$。

结合式（2-4）～式（2-7），则可得

$$\rho_d(h) = \rho_{d0} + \frac{\pi(1-v)\sigma(h)}{Gb}\rho_d(\sigma_y, t)(t - h/v_d)\exp\left[-\int_0^h \alpha(h')\mathrm{d}h'\right] \tag{2-8}$$

$$\rho_d(h) = \rho_{d0} + N_0\frac{\pi(1-v)\sigma(h)}{Gb}(1 - h/H)\exp\left[-\int_0^h \alpha(h')\mathrm{d}h'\right] \tag{2-9}$$

将式(2-8)和式(2-9)代入式(2-3),可得

$$H_{d} = \frac{Gb}{k_{d}} \sqrt{\rho_{d0} + \frac{\pi(1-v)\sigma(h)}{Gb} \rho_{d}(\sigma_{y}, t)(t - h/v_{d}) \exp\left[-\int_{0}^{h} \alpha(h')\mathrm{d}h'\right]}$$

$$(2-10)$$

$$H_{d} = \frac{Gb}{k_{d}} \sqrt{\rho_{0} + N_{0} \frac{\pi(1-v)\sigma(h)}{Gb}(1 - h/H) \exp\left[-\int_{0}^{h} \alpha(h')\mathrm{d}h'\right]}$$

$$(2-11)$$

式(2-10)和式(2-11)即为硬化的动力学模型,由式(2-10)和式(2-11)可知,表面硬化程度随着位错运动速度和材料流动应力的增加而增加。

2.5.5.2 表面硬度随深度的变化规律

研究表明,铣削表面晶粒的拉伸变形可提高表面硬度[133]。本次实验中将♯5、♯10和♯15试块表面及表面下的显微硬度作为研究对象,并绘制显微硬度变化曲线,如图2-29所示。从图中我们可以看出,♯5、♯10和♯15试块表面的硬度分别为44.77 HV、48.21 HV和46.52 HV,经计算其相应的硬化程度分别为27%、37%和32%。硬度变化曲线虽然有轻微的波动,但随着深度的增加硬度值不断减小,整体随着深度的增加呈减小趋势,最后变为33~35 HV,即材料基体硬度。

造成硬度变化的原因之一是铣削过程中铣削热由已加工表面不断沿着深度方向释放,进而引起表面下材料出现硬化[137],另一原因则是铣削过程中的铣削力使表面发生塑性变形,进而使表面硬度增加。另外,钛合金 TC4 在高温下具有极强的化学活性,容易吸收空气中的 H、O 和 N 等元素,进而生成硬而脆的铣削表面[134,139]。综合以上因素,在盘铣加工后的塑性变形区出现硬化层,致使表面硬度提高。♯5、♯10和♯15试块的硬化层深度分别达到160 μm、225 μm 和 180 μm。

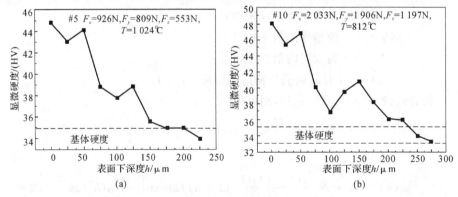

图 2-29　显微硬度变化曲线

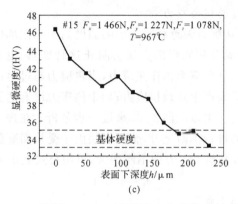

续图 2 - 29　显微硬度变化曲线

2.5.6　残余应力分析

2.5.6.1　残余应力的形成机理分析

切削加工过程中,金属表层材料会发生形状变化、体积变化、金相变化等,加工后在表层中留有残余应力[140]。残余应力有压应力和拉应力两种,残余应力的存在会破坏材料原来的基体状态,使零件的尺寸和形状发生变化,甚至导致裂纹[141],这对零件的使用性能来说是极为不利的。残余应力的形成原因归纳起来有以下三种:

(1)塑性变形引起的残余应力;

(2)温度不均引起的残余应力;

(3)相变引起的残余应力。

在实际加工中,残余应力的产生是以上几种原因综合作用的结果,而且几种原因之间相互影响、相互制约,因此从理论上分析残余应力产生的原因是非常困难的,我们只能从概念上分析残余应力产生的原因。

1. 塑性变形引起的残余应力

材料表层发生塑性变形后体积增大,底层未变形的金属则会牵制表层金属的这种变形行为,从而在表层形成压应力,在底层产生拉应力。在刀尖与材料接触的前方区域,由于一部分材料要脱离加工表面,所以在水平方向上受拉力,在垂直方向上受压力,形成残余压应力;同时由于后刀面与加工表面之间的摩擦和挤压,表层金属尺寸变大,发生水平方向的拉伸变形,在加工结束,弹性恢复之后,表层产生压应力。

2.温度不均引起的残余应力[128-129]

在加工过程中,切削刃附近材料表层的温度高于其他部位,温度高的部位将会受热发生膨胀,而周围和底层的金属会阻止这种变形,这时表层将产生压应力,底层承受拉应力,这种应力称作热应力,当热应力超过材料的屈服极限时,表层因发生热塑性变形而产生残余拉应力;如果热应力没有达到材料的屈服极限,则不会产生残余应力。可以用图2-30来进一步分析。在进行金属材料切削时,切削温度随着切削的进行不断上升,金属表层由于受热而膨胀,产生热压缩应力σ,其值随着温度的升高沿 OA 方向不断增大,可用公式表示为

$$\sigma_r = \alpha E \Delta T \tag{2-12}$$

式中　α—— 线性膨胀系数;

　　　E—— 弹性模量;

　　　ΔT—— 温度。

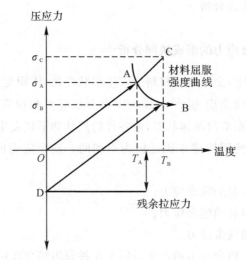

图 2-30　热塑性变形引起的残余应力示意图

当温度从 T_A 升高到 T_B 时,热压应力将超过材料的屈服强度值,热塑性变形在材料表面发生,热压应力值停留在 σ_A 与 σ_B 之间。切削结束,切削温度也随之下降,同时热压应力按路径 BD 下降,当温度下降到切削加工前的温度时,便产生残余拉应力,其值可表示为

$$\sigma_D = OD = BC = \sigma_C - \sigma_B \tag{2-13}$$

式中　σ_C—— 不产生热塑性变形时,表面层在温度 T_B 时的热应力值;

　　　σ_B—— 材料在温度 T_B 时的屈服强度。

由图 2-30 可知,当切削温度低于 T_A 时,即使热应力达到或超过 σ_A,也不会

超过材料的屈服极限,所以冷却路线为 OA,由于表层没有发生塑性变形,也不会产生残余拉应力。

3.相变引起的残余应力

高温中可能产生的另一个问题就是由相变引起的相变应力。金属表层因受热发生的相变会导致体积膨胀,表层金属受内层金属的牵制,而承受压应力,内层承受拉应力。另外,由于材料内部组织不均匀,各部分膨胀程度不同,各部分之间存在约束力,进而产生残余应力。

2.5.6.2　机械加工表面的残余应力

由金属切削理论可知[142],在金属切削加工过程中,刀尖圆角前方出现三角形变形区域,同时受到压缩和拉伸的双重作用,造成在 x 轴方向上晶粒受压缩而变短,在 y 轴方向上晶粒受拉伸而变长,即"塑性凸出效应"。同时,加工表面受来自于刀具后刀面的挤压力和摩擦力的作用,使得表层金属沿 x 轴和 y 轴方向产生塑性变形,即"表面挤光效应"。"塑性凸出效应"将导致已加工表面产生残余拉应力,而"表面挤光效应"则会使表面产生残余压应力,最后表面残余应力的状态取决于"塑性凸出效应"与"表面挤光效应"相互抑制的程度[128],如图 2-31 所示。

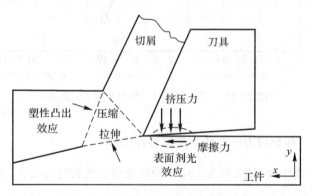

图 2-31　机械加工残余应力形成机理

2.5.6.3　工艺参数对表面残余应力的影响

铣削参数对表面残余应力的影响如图 2-32 所示,从图 2-32 我们可以看到,铣削表面沿 x 和 y 方向全部出现了残余压应力,残余应力随着主轴转速的增加而减小,但对于切削深度和进给速度来说却有着相反的关系,即残余应力随着两个参数的增加而增加。

不同铣削参数对残余应力的影响可以通过热力耦合的作用来解释。由以上的铣削力和铣削温度实验可知,随着主轴转速的增加,铣削力减小而铣削温度升高。由于大部分的铣削热被切屑带走,对于残余应力的影响来说,铣削力是主导因素。由铣削力的实验分析可知,铣削力随着主轴转速的升高而减小,导致表面塑性变形减小,进而残余应力也随着主轴转速的升高呈现减小的趋势。

随着切削深度和进给速度的增大,铣削力和铣削温度不断增大,进而在铣削表面产生大的塑性变形,产生相对较大的残余应力。

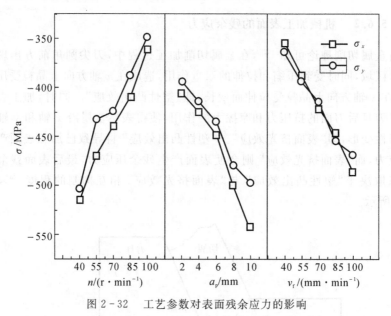

图 2-32　工艺参数对表面残余应力的影响

2.5.6.4　残余应力模型建立及显著性检验

利用多元线性回归法,对表2-8中的残余应力数据进行拟合,建立残余应力预测模型为

$$\left.\begin{array}{l}\sigma_x = 10^{2.528\,8}n^{-0.351\,23}a_p 0.143\,712v_f 0.352\,53 \\ \sigma_y = 10^{2.643\,9}n^{-0.347\,39}a_p 0.124\,693v_f 0.287\,21\end{array}\right\} \quad (2-14)$$

利用"F"检验法对式(2-14)进行显著性检验,把总和偏差平方和S_T分解为回归平方和S_A和残差平方和S_E[143],即

$$S_T = \sum_i (y_i - \bar{y})^2 = \sum_i y_i^2 - \frac{1}{n}(\sum_i y_i)^2 \quad (2-15)$$

$$S_E = \sum_i (y_i - \hat{y})^2 \quad (2-16)$$

$$S_A = \sum_i (\hat{y}_i - \bar{y})^2 = S_T - S_E \qquad (2-17)$$

采用统计量

$$F = \frac{\dfrac{S_A}{P}}{\dfrac{S_E}{n-p-1}} \sim F(p, n-p-1) \qquad (2-18)$$

式中　　n —— 实验数，$n=9$，

　　　　p —— 变量数，$p=3$。

"F"检验法规定：实验因素为 m，实验次数为 n，给定显著性水平为 0.05，若 $F < F_{0.05}(m, n-m-1)$，则称 y 与 x_i 之间没有明显的线性关系，回归方程不可信；若 $F_{0.05}(m, n-m-1) < F < F_{0.01}(m, n-m-1)$，则称 y 与 x_i 之间有明显的线性关系；若 $F > F_{0.01}(m, n-m-1)$，则称 y 与 x_i 之间有十分明显的线性关系。按照式(2-15)～式(2-18)计算显著性检验结果，见表 2-9。

由表 2-9 可知，铣削力 σ_x、σ_y 的"F"值分别为 13.45 和 15.92，全部都大于 $F_{0.01}(3, 11)$ 和 $F_{0.05}(3, 11)$。由此证明残余应力预测模型显著性良好，可以用于本次实验。

表 2-9　残余应力经验模型显著性检验结果

参　数	自由度	平方和 SS	平均平方和 MS	F	$F_{0.01}(3,11)$	$F_{0.05}(3,11)$
	3	0.031 5	0.105 33	13.45	6.22	3.59
σ_x	11	0.008 6	0.000 783			
	14	0.04				
	3	0.025 5	0.008 5	15.92		
σ_y	11	0.005 8	0.000 534			
	14	0.031				

2.5.6.5　表面下残余应力分布规律

选取 ♯5，♯10 和 ♯15 试块研究表面下残余应力的分布规律，根据实验结果绘制残余应力分布规律曲线，如图 2-33 所示，图中 h 代表表面下的深度。由图 2-33 可知，♯5 试块表面沿 x 轴和 y 轴方向的残余应力值分别为 -360.09 MPa 和 -347.74 MPa；对 ♯10 试块来说，表面残余应力值为 -541.13 MPa 和 -496.645 MPa；♯15 试块的表面残余应力为 -484.83 MPa 和 -467.7 MPa，表面下残余应力沿深度方向逐渐减小为 0。♯5，♯10 和 ♯15 试块的残余

应力层深度 h_S 分别为 220 μm，270 μm 和 230 μm。所以可以得出结论：表面残余应力值越大，其残余应力层越深[131, 144]。

对表面下残余应力层的形成可以做如下解释：盘铣过程中铣削力大，盘铣刀的后刀面和加工表面之间存在剧烈的摩擦和挤压，造成铣削表面表层金属塑性变形严重，比容增大，体积膨胀，同时内层的金属想要阻止这种变化，便在塑性变形区的表层产生了残余压应力[141]。另外，铣削过程中产生的高温是形成残余压应力的又一原因。钛合金 TC4 具有低的热传导性和良好的热塑性，使得前刀面与切屑之间的接触长度变短，切削热很难释放，切削温度的升高同样使得金属表层体积膨胀，产生残余压应力[145]。所以残余压应力的产生是铣削力和铣削热共同作用的结果。实际上，残余压应力可以延缓或阻止疲劳裂纹的产生，所以可提高零件的疲劳性能，进而延长零件的使用寿命。

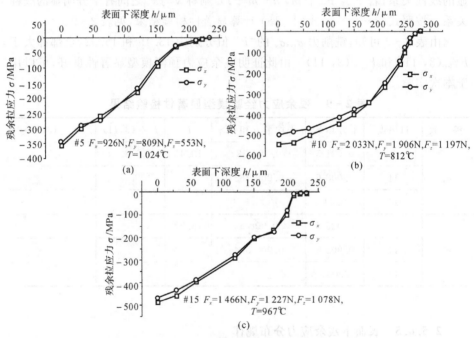

图 2-33　表面下残余应力分布曲线

2.6　本章小结

由于盘铣开槽加工过程中铣削力大，铣削温度高，已加工表面会产生严重的塑性变形。所以本章以铣削力、铣削温度实验为基础，分析了热力耦合作用对盘铣开槽加工后表面缺陷、表面和表面下残余应力、显微硬度、显微组织的影响,同时建立表面残余应力预测模型并进行了显著性检验。得到的实验结果如下:

(1)铣削表面的缺陷有凹陷和裂纹。凹陷出现在铣削表面中心处,而裂纹则出现在铣削表面边缘处。

(2)在铣削表面和次表面均出现了残余压应力,残余压应力随着表面下深度的增加逐渐减小至零。残余压应力随着主轴转速的增加而减小,而切削深度和进给速度对残余应力的改变有相反作用,即残余应力随着两个参数的增加而增加。

(3)在铣削表面上可以观察到严重的塑性变形区,晶粒在铣削力的作用下沿铣削方向发生拉伸变形,但并没有观察到相变的发生。可以得出结论,铣削力越大,塑性变形越严重。由于只观察到了晶粒的拉伸变形而没有相变发生,所以对显微组织的改变来说,铣削力占主导因素。

(4)由于热力耦合作用和氧化反应,铣削表面出现了明显的硬化层,使表层硬度增加。

第3章 盘铣开槽加工刀具
磨损演化过程分析

3.1 引　言

钛合金具有化学活性高、热导率小、弹性模量低、切屑变形系数小等特点，决定了其具有较差的切削加工性能。盘铣刀直径大、刀齿多、铣削过程中不可避免地出现振动，势必加剧刀具的磨损。另外，铣削温度过高也会引起刀具发生黏结磨损、氧化磨损、扩散磨损等，不仅会缩短刀具的使用寿命、降低生产效率、提高加工成本，也会影响零件表面的加工质量。本章通过盘铣开槽加工实验，以铣削力和铣削温度实验数据为基础，研究盘铣刀的破损形貌、磨损机理和刀具寿命，为优化盘铣刀结构、提高刀具寿命提供理论支撑和实验基础。

3.2　刀具磨损概述

3.2.1　刀具磨损形式

切削时，刀具的前刀面与切屑、后刀面与工件常常相互挤压和发生剧烈摩擦，产生很多热量，因此前刀面和后刀面都会发生磨损，其中前刀面表现为月牙洼磨损，后刀面形成均匀的磨损带[146]。

　1.月牙洼磨损

由于切屑底面和刀具前刀面在切削过程中是化学活性很高的新鲜表面，在接触面的高温高压作用下，接触面积的 80% 以上是空气和切削液较难进入的，切屑沿前刀面的滑动逐渐在前刀面上磨出一个月牙形凹窝，如图 3-1 所示，所以称这种磨损形态为月牙洼磨损。最初月牙洼与切削刃之间有一条微小棱边，随着切削的进行，月牙洼的尺寸不断扩展，最后导致崩刃。

　2.后刀面磨损

切削时，工件的新鲜加工表面与刀具后刀面接触，并相互摩擦，从而引起后刀面磨损。后刀面虽然有后角，但由于切削刃不如理想中锋利，存在一定的钝圆，后刀面与工件表面的接触压力大，存在着弹性和塑料变形。因此后刀面与工件实际上是小面积接触,磨损就发生在这个接触面上,形成后角为零的小棱面,如图 3－1 所示。

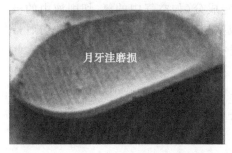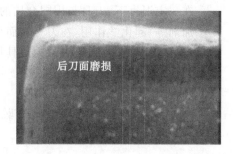

图 3－1　刀具磨损形式

3.2.2　刀具破损形式

在切削加工中,刀具时常会出现未经过正常的磨损,就在很短的时间内突然损坏以致失效的现象,这种损坏类型称为破损。刀具的破损可以分为脆性破损和塑性破损。脆性破损形式主要有崩刃、剥落、裂纹、碎断等;塑性破损形式主要有卷刃和刀面隆起[146]。

3.2.3　刀具磨损机理

工件材料、刀具材料、切削条件不同,刀具的磨损原因也不相同。主要有以下几种:机械磨损、黏结磨损、扩散磨损和化学磨损。

1.机械磨损

机械磨损又称硬质点磨损,是主要由工件材料中的杂质、基体组织中的硬质点以及积屑瘤碎片等在刀具表面上划出一条条沟纹所造成的磨损。硬质合金刀具由于具有很高的硬度,这类磨损相对较小。

2.黏结磨损

黏结是在摩擦面的实际接触面积上,在足够大的压力和高温作用下,刀具和工件材料接触到原子间距离时发生结合的冷焊现象。两摩擦表面的黏结点因相对运动将发生撕裂而被对方带走,如果黏结处的破裂发生在刀具这一方,就形成了刀具的黏结磨损。

3.扩散磨损

切削温度较高时,刀具表面始终与被切出的新鲜表面接触,使其具有巨大的化学活性。当刀具与工件材料的化学元素浓度相差较大时,它们就会在固态下互相扩散到对方中去,引起摩擦面两侧刀具和工件材料化学成分的改变,使刀具材料性能下降，从而造成刀具的磨损。

4. 化学磨损

在一定温度下，刀具与周围介质的某些成分（如空气中的氧、切削液中的极压添加剂等）起化学作用，在刀具表面形成一层硬度较低的化合物，而被切屑带走，加速了刀具的磨损，或者因为刀具材料被某种介质腐蚀，造成刀具损耗，这些被称为化学磨损。

3.3 实验条件及方案

3.3.1 材料

实验选用钛合金材料 TC4(Ti6Al4V)，其化学成分及力学性能见表 2-3 和表 2-4，微观组织结构如图 2-5 所示。

3.3.2 样品准备

准备若干尺寸为 120 mm×60 mm×60 mm 的钛合金试块，用以研究盘铣开槽加工过程中刀具的磨损情况。

3.3.3 刀具

在本次实验中选用的是由株洲钻石切削刀具股份有限公司生产制造的整体错齿三面刃铣刀(同 2.4.2 节中的刀具)，虽然有研究证明涂层能延缓刀具的磨损，但在切削过程中短短几秒后刀具涂层就会被磨削掉，在盘铣过程中，铣削力较大，涂层对刀具的保护意义不大，所以此次实验选用无涂层刀片作为研究对象。实验用盘铣刀如图 3-2 所示。钛合金的热导率小、高温化学活性大、弹性模量小、切屑变形系数小等特点，使得其成为典型的难切削加工材料。因此刀具材料的选择对降低刀具磨损、提高刀具寿命、提高被加工零件的表面质量尤为重要。通常，高速钢刀具由于红硬性差、热导率低和硬度低等特点不适合加工钛合金材料；陶瓷刀具由于导热性差、对 Ti 的化学活性高、断裂韧性小等特点几乎不能用于钛合金加工；超高硬度钢刀具因为价格高昂限制了它的推广应用。目前，在钛合金切削加工中，硬质合金刀具因为具有较高的红硬性而被广泛采用。对于硬质合金刀具而言，在高温情况下 YG 类刀具抗氧化磨损和扩散磨损能力要优于 YT 类刀具，而且由于 YG 类刀具的晶粒尺寸小于 YT 类刀具，有助于提升刀具的韧性和耐磨性。所以本次实验选取 YG6 类硬质合金作为实验用刀具材料，它的组成为 94% 的 WC 和 4% 的 Co，盘铣刀的几何参数见表 2-5。

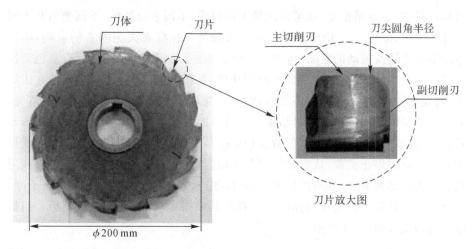

图 3 - 2 盘铣刀

3.3.4 加工条件

因为笔者所在实验室的整体叶盘高效强力复合铣数控铣床样机还在调试中,不具备实验条件,所以只能选用 XH716 立式加工中心作为铣削实验平台。为了延长刀具的使用寿命,采用顺铣铣削方式,以乳化液作为冷却液。本书所有的研究内容是为了将盘铣工艺应用于整体叶盘开槽加工而进行的。由于将盘铣应用于整体叶盘的开槽加工是一种新工艺,并没有相关的工艺参数可以借鉴,只能根据前期的研究成果及现有加工设备的工况,采用极限实验设计方法,即在使刀具磨损剧烈的参数组合中进行参数选定。盘铣开槽工艺切削效率高、盘铣刀直径大,其盘铣主轴头设定的最高主轴转速为 100 r/min,所以在刀具磨损实验中选定此数据作为主轴转速。与插铣不同,由于刀盘直径大(ϕ200 mm)、刀齿多(16 齿),如果进给量或切削深度过大,必然会引起铣削过程中刀具的振动,从而加剧刀具磨损。综合考虑以上因素,将主轴转速设为 100 r/min,进给速度设置为 100 mm/min,切削深度设置为 9 mm。

3.3.5 实验方法

铣削力和铣削温度的测量方法与第 2 章中的实验方法相同,在此不再详述。

盘铣开槽加工过程中材料的大部分去除依靠主切削刃来完成,所以本次实验选用主切削刃的后刀面平均磨损量 V_B 来评估盘铣刀的磨损情况。对后刀面磨损量的观测采用表面质量测量仪 IFM - G4 和扫描电子显微镜。表面质量测量仪 IFM - G4 是专门用于全自动测量刀具的三维光学测量仪,它不仅可以测量刀具的形貌、表面粗糙度,还可以测量不同材质、不同表面处理、不同类型及不同尺寸的刃口,IFM-G4 的全自动测量大大降低了操作者人为因素的影响,而且系统不受光线及振动的影响,可以持续稳定地进行测量,测量结果标有彩色信息的视觉效果,并带有工件质量自动识别功能,如图 3-3 所示。具体测量方法如下:每铣削 60 mm 的长度暂停实验,取下盘铣刀测量后刀面磨损值的变化情况,取三次测量的平均值作为实验结果。当后刀面磨损量达到 0.3 mm 时认为该刀片失去切削功能,由于盘铣刀齿数多(16 齿),当超过 3 个以上的刀齿磨损量达到 0.3 mm 时停止实验,认为盘铣刀失去切削功能。然后,将磨损的盘铣刀片用线切割机床切割下来,先用酒精清洗,再用超声波+丙酮清洗,最后将清洗干净,达到实验条件的刀片放在扫描电镜下观察其破损形貌,并进行能谱分析。扫描电子显微镜如图 3-4 所示。

图 3-3　表面质量测量仪 IFM-G4　　　　　图 3-4　扫描电子显微镜

3.4　实验结果分析

3.4.1　铣削力和铣削温度分析

由铣削力和铣削温度测量结果可知,当 $n=100$ r/min, $a_p=9$ mm, $v_f=100$ mm/min 时, $F_x=1\,565$ N, $F_y=1\,280$ N, $F_z=958$ N, $T=1\,278℃$。如此大的铣削力和高的铣削温度势必会对刀具磨损产生严重影响,本章以此数据为基础进行盘铣刀磨损及寿命分析。

3.4.2　盘铣刀破损形貌及磨损形貌

本节通过扫描电子显微镜对盘铣刀开槽加工钛合金过程中的刀具破损形貌及磨损形貌进行观察和分析,观察结果将有助于进一步研究盘铣刀的磨损机理。

1. 剥落

硬质合金刀具材料不仅硬而脆,而且表层组织中可能存在缺陷或裂纹[147]。另外,本节选用的是整体硬质合金盘铣刀,刀片必须焊接在刀盘上,而且在使用前需要进行刃磨,在刃磨过程中,刀片表面可能产生残余应力。综合以上因素,盘铣刀铣削过程中不断承受交替变化的机械外力,片状的剥落层便会在铣削的最初阶段产生,如图 3 - 5(a)所示。

2. 热裂纹

从图 3 - 5(b)中可以看到铣削加工后的盘铣刀产生了垂直于切削刃的热裂纹,而且热裂纹的位置容易出现在键槽对应正上方的几个切削刃上。盘铣是一个断续的铣削过程,在刀具切入工件和切出工件的过程中产生高频的机械冲击和热冲击;而且由于盘铣刀直径大(ϕ200 mm),刀齿多(16 齿),这种机械冲击相对于插铣工艺要大得多;随着铣削过程的进行,刀具磨损加剧,铣削力和铣削温度都会逐渐增大。切削刃承受交变的机械冲击和热冲击,发生热胀冷缩。当盘铣刀承受的热应力达到其自身的疲劳强度极限时,就会产生垂直于切削刃的热裂纹,也叫梳状裂纹[79],这是硬质合金刀具断续切削中常见的一种现象。由于盘铣刀通过一个键与铣刀轴连接,键的制造精度和安装精度都会影响盘铣刀的加工性能,所以在键槽对应正上方的切削刃由于铣削过程中受到的机械冲击相对其他的刀齿更强,更容易出现裂纹。

3. 塑性变形

在铣削过程中铣削温度升高到一定值,刀具便会产生塑性变形,如图 3 - 5(c)所示。塑性变形产生的原因可以用刀具材料和工件在高温下抵抗自身变形的能力来解释。由铣削温度的实验可知,在实验铣削参数下,铣削温度是1 278℃左右,随着刀具的磨损,铣削温度还会逐渐升高。对于工件材料钛合金来说,高温下的化学活性较大,较容易吸收空气中的 O 和 N[93],其表面变得硬而脆;而对于刀具材料硬质合金来说,在高温下可能会发生氧化磨损或扩散磨损,刀具表面硬度将会降低。所以当较软的刀具接触到较硬的钛合金表面时,受铣削力挤压的作用,刀具表面便会坍陷,产生塑性变形。另外,根据其他的研究显示,刀具中晶粒尺寸的大小和黏结剂 Co 的含量多少也会对塑性变形产生影响[11],这里没有做相关的研究,所以不再详述。

4. 崩刃

将铣削过后的刀具在扫描电镜下观察,可见其切削刃出现了严重的崩刃现象,刀具丧失了切削能力,如图 3 - 5(d)所示。与热裂纹相似,崩刃发生的位置也在键槽对应正上方的切削刃处。产生崩刃的原因主要是切屑和前刀面之间巨大的压力。由于钛合金的变形系数小,切屑从切削刃切离后,立即向上翻卷,使得切屑与前刀面之间的接触面积很小,所以在接触面积上的压强增大[80]。其次钛合金和刀具之间的摩擦因数很大,也会造成接触面上的铣削力增大。当切削刃所承受的压力超过疲强度极限时,崩刃便会产生。对于盘铣来说,由于盘铣刀直径大、刀齿多,而且刀具制造精度不够,全部的刀齿并不在同一个圆周上,所以每个刀齿所受的铣削力大小不均衡。另外,由于本次实验中采用的是错齿盘铣刀,刀齿两两交错分布,铣削过程中会造成瞬间的单齿切削。鉴于以上盘铣刀独有的特点,使切削过程中刀具的振动将加剧,最终导致切削刃崩刃现象严重。

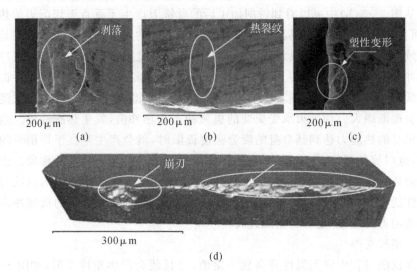

图 3-5 盘铣刀破损形貌

5.磨损形貌

选取两个刀片作为研究对象,采用扫描电子显微镜对其进行观察。因为盘铣切削速度低,齿间距大,切屑与前刀面的接触时间短,所以在前刀面上并未发现月牙洼状磨损。因为在切削过程中,后刀面与加工表面存在着剧烈的摩擦和挤压,所以无论主切削刃还是副切削刃的后刀面上都出现了磨损带,且主后刀面的磨损带大于副后刀面,如图 3-6 所示。

对于盘铣刀的裂纹和崩刃,可以通过提高刀具的制造精度和优化刀具结构的方法,使刀具在切削过程中受力均匀,从而延缓裂纹和崩刃发生的时间,达到延长刀具寿命的目的;盘铣刀的后刀面磨损是刀具的主要磨损形式,虽无法避免,但可以通过选取合理的切削参数、刀具角度、优化刀具结构等方法来减缓刀具磨损的速度。

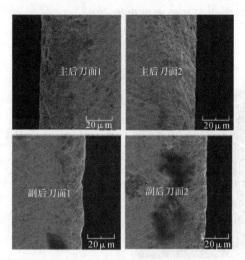

图 3 - 6　后刀面磨损形貌

3.4.3　盘铣刀磨损机理分析

在刀具铣削金属的过程中,本身也在发生着磨损,随着铣削的进行,刀具磨损加剧,最终导致刀具失去切削能力而报废。在钛合金加工中,刀具的磨损尤为剧烈,严重制约着钛合金产品加工的生产效率和生产成本。所以本书中采用能谱分析对盘铣刀的磨损机理进行分析,进一步揭示钛合金盘铣开槽加工中刀具磨损的原因,为控制刀具的快速磨损提供理论支持。

1. 黏结磨损

分别选取主切削刃及副切削刃的前刀面和后刀面作为黏结磨损的研究对象。对图 3 - 7～图 3 - 10 中切削刃上的黑色物质(即图中所示点 1 位置)进行能谱分析,结果显示黑色物质中只含有钛合金 TC4 中的元素 Ti、Al 和 V,证明钛合金黏结在了刀具上。

钛合金中的元素在高温下对刀具元素具有较高的化学活性,很容易黏结在刀具表层。李友生等[87]通过研究发现当铣削温度达到 727℃ 时,刀具中的颗粒 WC 和钛合金元素 Ti 很容易发生化学反应,生成新的物质——W 和 TiC。由铣削温度实验可知,本次实验中的铣削温度高达 1 278℃,远远超过 727℃,而且刀具中的 WC 颗粒和钛合金中的 Ti 元素含量较高,所以会生成大量的 W 和 TiC 黏结在刀具表层,这些物质将会降低刀具的表层硬度。随着切削的进行,黏结在刀具表层的物质会随着间断的机械冲击而剥落,从而带走刀具元素,造成刀具元素的流失。黏结层剥落后将会形成新的黏结层,随后新的黏结层又会因机械冲击而剥落,如此往复,造成刀具的磨损失效[79,86]。

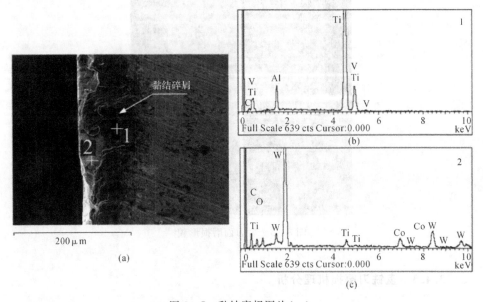

图 3-7 黏结磨损图片(一)

(a)主切削刃后刀面 SEM 图片; (b)点 1 的能谱分析图; (c)点 2 的能谱分析图

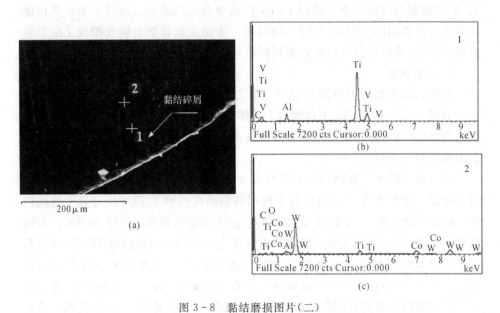

图 3-8 黏结磨损图片(二)

(a)主切削刃前刀面 SEM 图片; (b)点 1 的能谱分析图; (c)点 2 的能谱分析图

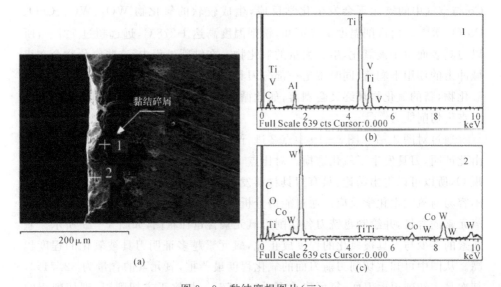

图 3 - 9　黏结磨损图片（三）

(a)副切削刃后刀面 SEM 图片；　(b)点 1 的能谱分析图；　(c)点 2 的能谱分析图

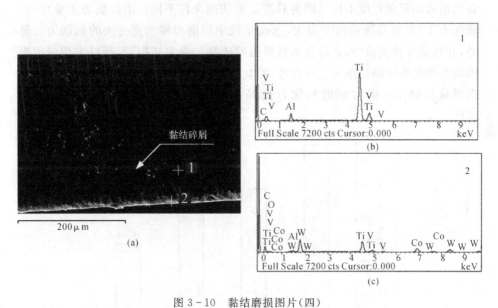

图 3 - 10　黏结磨损图片（四）

(a)副切削刃前刀面 SEM 图片；　(b)点 1 的能谱分析图；　(c)点 2 的能谱分析图

2. 氧化磨损

李友生等[85]通过研究发现当铣削温度超过 727℃时，刀具中的元素 W 和

Co 与空气中的氧元素会发生化学反应,生成较软的氧化物 WO_2、WO_3、CoO、Co_3O_4 等[8]。由铣削温度实验可知,铣削温度高达 1 278℃,远远超过 727℃,所以刀具表面由于被氧化,生成大量的氧化物。在铣削过程中,这些氧化物会在机械冲击的作用下剥落,同时带走一部分刀具材料。氧化物剥落后,又将生成新的氧化物,新的氧化物最终又会剥落,如此循环往复,刀具不断因为氧化而磨损,最后丧失切削能力[80,87]。

通过对图 3-7~图 3-10 中点 2 进行能谱分析,在各切削刃上都发现了 O,由此证明,刀具发生了氧化磨损。对比点 1 的能谱分析可知,黏结层上并没有发现 O,所以可以得出结论:只有刀具材料发生了氧化,而钛合金元素 Ti、Al、V 则不容易与氧发生化学反应。通过能谱分析可以得到图 3-7~图 3-10 中点 2 的氧元素的含量,并绘制盘铣刀各切削刃氧元素含量柱状图,如图 3-11 所示。氧元素的多少与刀具被氧化的程度成正比,氧元素越多证明刀具被氧化的程度越高。从图中可知主切削刃前刀面的氧化程度最严重,氧元素的含量为 32.74%,其次是主切削刃后刀面,氧元素含量为 24.76%;相比于主切削刃,副切削刃的氧化程度要弱一些,其前刀面和后刀面的氧元素含量分别 21.47% 和 14.45%。各切削刃的氧化程度不同是因为其所处的切削条件不同。由铣削力实验可知,铣削力 F_x 要比其他的两个力大,也就是说主切削刃将承受更大的铣削力。另外,在盘铣开槽实验中,大部分的材料去除依靠的是主切削刃,所以主切削刃周围的温度要高于副切削刃。综合考虑以上两种因素,主切削刃更容易被氧化而造成氧化磨损。前刀面的氧化程度高于后刀面也是因为前刀面上较高的温度[86]。

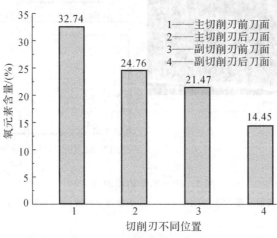

图 3-11　氧元素含量柱状图

3.扩散磨损

李友生等[88]通过对刀具的扩散研究发现,当铣削温度达到 400℃时,刀具元素与钛合金元素之间将发生相互扩散现象。由铣削温度实验可知本次实验中的铣削温度高达 1 278℃,所以势必发生刀具与钛合金之间的扩散。扩散到钛合金中的刀具材料会在不停的铣削过程中脱落,由此导致刀具材料的流失,造成扩散磨损。虽然扩散磨损与黏结磨损两者的形成机理不同,但两者同时发生,又相互影响[87-89]。由以上分析可知,钛合金材料很容易黏结在刀具切削刃上,而盘铣的铣削温度超过 1 000℃,所以研究刀具的扩散磨损对全面探求刀具的磨损机理具有重要意义。

从图 3-7(c)～图 3-10(c)中可知,在点 2 的能谱分析图中不仅发现了钛合金元素 Ti、Al 和 V,也有刀具元素 W、C 和 Co。所以仅仅通过能谱分析来确定它们是由于黏结还是由于扩散显然是不够的。元素扩散的分析方法有三种[87],分别是面扫描、线扫描和点扫描。面扫描即是对整体扩散界面的元素进行扫描,观察整体扩散界面上的各元素含量的分布情况,但由于扫描时间短,很难分辨出扫描界面,故此处不适合用来分析钛合金元素与刀具材料的扩散磨损。线扫描就是在扩散界面处的两侧沿一条线进行扫描分析各元素的含量变化,由于线扫描的纵坐标表示各元素的强度值而非含量,所以线扫描不能定量地表示出各元素的扩散程度。点扫描法就是在扩散界面两侧各取一些点,对各个点进行扫描能谱分析,观察每个点中各元素的含量。由于点扫描法操作简单,而且能定量地反映各元素的扩散程度,所以,本节采用点扫描法进行盘铣刀扩散磨损的分析。

点扫描的具体操作方法如下:在刀具和钛合金黏结层的扩散界面处选取若干点,如图 3-12(a)所示,对每个点进行 EDS 扫描,分析每个点中各元素的含量,绘制各元素对应于各点的含量图,即元素扩散图。因为钛合金中的主要元素为 Ti,刀具材料中的主要元素为 W、C 和 Co,所以本次实验只选取元素 Ti、W、C 和 Co 作为研究对象。主切削刃后刀面在盘铣开槽过程中起到至关重要的作用,所以研究主切削刃后刀面扩散磨损对有效控制盘铣刀的磨损速度更具意义,主切削刃后刀面各元素的扩散曲线如图 3-12(b)所示。

由各元素的扩散曲线图可知,元素 W 的扩散深度约为 3.5 μm,C 和 Co 的扩散深度大约为 1.5 μm,而元素 Ti 的扩散深度仅为 1 μm 左右。所以,我们可以推测出元素 Ti 很难扩散到刀具材料中;元素 W 和 Ti 在扩散界面处的含量是其初始含量的一半,由于 C 和 Co 元素的含量少且分布不均匀,并没有遵循这一规律。虽然 W 和 C 都是刀具元素,但是 C 的扩散深度明显小于 W 的扩散深度。李友生等[11]的研究表明扩散到钛合金材料中的 C 元素在遇到元素 Ti 的同时可能发生化学反生,生成化学物质 TiC,这一过程阻止了 C 的扩散速率,所以扩散深度较小。同样地,元素 Co 的扩散深度也非常小,但 Co 元素的扩散流失却很严重,在扩散界面处 Co 元素的含量还达不到其初始值的一半。由于 Co 元素是作为刀具黏结剂而存在的,Co 元素的流失会导致刀具的黏合能力下降[82],从而减少了刀具的强度和韧性。

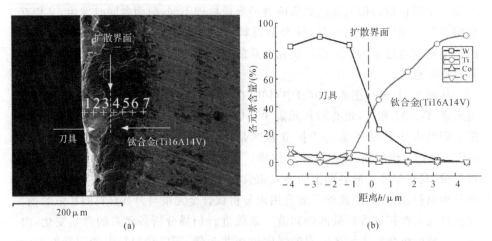

图 3-12　扩散磨损分析图

(a)磨损刀具后刀面 SEM 图片；(b)各元素的扩散曲线

3.4.4　盘铣刀刀具寿命

图 3-13 为根据后刀面的磨损量增长情况绘制的刀具寿命图。每次铣削 60 mm 的长度大约需要 3 min 的时间,所以刀具磨损量与铣削时间和铣削长度是一一对应的。由图 3-13 可见,在整个铣削过程中,刀具磨损经历了三个阶段,分别为初期磨损阶段 A、正常磨损阶段 B、剧烈磨损阶段 C。0～9 min 的时候刀具比较锋利,对偶表面的粗糙度较大,实际接触面积较小、压强大,接触点黏结磨损严重,为初期磨损阶段。9～42 min 为正常磨损阶段,后刀面上磨出一条狭窄的棱面,压强减小,故磨损量的增加也趋于稳定,该阶段为刀具工作的有效阶段。42～48 min 为刀具剧烈磨损阶段,刀具经过正常磨损后,切削刃变钝,切削力增大,切削温度升高,刀具磨损发生质的变化,磨损强度很大,此时不但不能保证加工质量,而且刀具材料消耗多。

从铣削长度分析刀具磨损量可以看到,当铣削长度达到 960 mm 时,大约切削 16～17 次,盘铣刀失去切削能力。以某型号航空发动机 5 级压气机盘为例,对其进行盘铣开槽加工刀具切削性能分析。某航空发动机 5 级压气机盘的单个通道粗加工切除量约为 10 560 mm³,刀具失效时的材料去除量等同于 10 个通道的加工余量。一般的硬质合金刀具最多可刃磨 5 次,那么盘铣刀最多切除 50 个通道便失去了加工性能。相对于某型号航空发动机 5 级压气机盘 80 多个通道的加工余量来说,盘铣刀的刀具寿命仍有待大幅度提高。所以为了减少换刀次数、提高整体叶盘盘铣开槽加工效率,必须进一步优化盘铣刀的刀具结构,以大幅度提高盘铣刀的使用寿命。

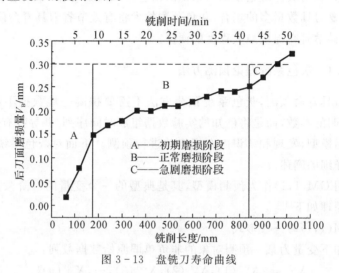

图 3 - 13　盘铣刀寿命曲线

3.4.5　基于灰色系统理论的盘铣刀寿命预测

目前,刀具寿命预测常用的方法是对大量的实验数据进行回归分析[148],建立预测模型,但其缺点是预测精度不高,受实验数据量的限制,而且得到实验数据需要较高的成本和较长的时间。Z. Palmai[149] 提出基于泰勒公式的刀具寿命预测方法,但泰勒公式必须假定:把加工参数(如切削速度、切削深度和进给速度)带入泰勒公式,只能得到唯一不变的刀具寿命值。因为刀具的磨损过程是复杂多变的,并受多因素影响,显然泰勒公式预测的刀具寿命与真实情况是相悖的。由于刀具寿命与各影响因素之间呈现高度的非线性关系,许多学者便利用神经网络处理复杂非线性问题的能力,建立了基于神经网络的刀具预测模型[150-152],但神经网络法的学习效率低,网络结构不容易确定,收敛性差,存在陷入局部值的可能性。支持向量机法在小样本、非线性预测问题方面具有出色的预测效果,也被用于预测刀具寿命[153-154]。灰色系统理论是一门新兴的横断学科,研究的对象为"部分信息已知,部分信息未知"的小样本确定性系统,它采用生成信息的处理方法弱化原始随机数列的随机性,从而使原始数据序列转化为易于建模的新序列[155]。

通过以上的盘铣刀刀具寿命实验虽然可以精确地得到盘铣刀的刀具寿命,但当铣削参数发生变化时,需要重新进行测量,在这个过程中不仅耗费大量的人力、物力,也消耗大量的时间。所以将实验测量出的有限次刀具寿命组成数列作为已知信息,利用灰色理论预测出未知的信息——刀具寿命,非常适合这种实验时间长、需要刀具数量多的场合,灰色预测技术将有效节省刀具寿命研究的时间和成本,为科学研究提供最大程度的便捷。

3.4.5.1 灰色系统理论预测方法

针对刀具寿命预测,灰色系统预测方法不需要拼凑一堆数据不准、关系不清、变化不明的参数,而是将已知的实验数据组成时间序列,并寻找有用的信息,建立和利用模型,发现和认识内在规律并进行预测。下面对灰色系统理论模型的建立作详细的阐述。

先选用 GM(1,1) 作为预测模型,其是典型的一个变量的一阶微分方程,建模的基本原理如下[156]。

1. GM(1,1)的一般形式

设有如下变量为某一预测对象的非负单调原始数据数列:

$$X^{(0)} = \{X^{(0)}(1), X^{(0)}(2), X^{(0)}(3), \cdots, X^{(0)}(n)\} \qquad (3-1)$$

为建立灰色预测模型,首先对 $X^{(0)}$ 进行一次累加(1 - AGO,Acumulated Generating Operator),生成一次累加数列,得

$$X^{(1)} = \{X^{(1)}(1), X^{(1)}(2), X^{(1)}(3), \cdots, X^{(1)}(k)\} \qquad (3-2)$$

其中

$$X^{(1)}(k) = \sum_{i=1}^{k} X^{(0)}(i) = X^{(1)}(k-1) + X^{(0)}(k) \qquad (3-3)$$

对 $X^{(1)}$ 可建立如下白化形式的微分方程:

$$\frac{dX^{(1)}}{dt} + aX^{(1)} = u \qquad (3-4)$$

式(3-4)即为 GM(1,1) 模型。

2. 辨识算法

记参数序列为 $\hat{a}$,$\hat{a} = [a, u]^T$,$\hat{a}$ 可用最小二乘法估计参数表示为

$$\hat{a} = (\boldsymbol{B}^T \boldsymbol{B}) - 1 \boldsymbol{B}^T \boldsymbol{Y}_n \qquad (3-5)$$

式中　　$\boldsymbol{B}$——数据阵;

　　　　$\boldsymbol{Y}_n$——数据列。

$$B = \begin{bmatrix} -\dfrac{1}{2}\big[X^{(1)}(1)\big] + X^{(1)}(2) & 1 \\ -\dfrac{1}{2}\big[X^{(1)}(2)\big] + X^{(1)}(3) & 1 \\ \vdots & \vdots \\ -\dfrac{1}{2}\big[X^{(1)}(n-1)\big] + X^{(1)}(n) & 1 \end{bmatrix} \qquad (3-6)$$

$$Y_n = (X^{(0)}(2), X^{(0)}(3), \cdots, X^{(0)}(n))^{\mathrm{T}} \qquad (3-7)$$

上述白化微分方程式(3-4)的解(离散响应)为

$$\hat{X}^{(1)}(k+1) = \left(X^{(0)}(1) - \frac{u}{a}\right)\mathrm{e}^{-ak} + \frac{u}{a} \qquad (3-8)$$

或

$$\hat{X}^{(1)}(k) = \left(X^{(0)}(1) - \frac{u}{a}\right)\mathrm{e}^{-a(k-1)} + \frac{u}{a} \qquad (3-9)$$

式(3-8)和式(3-9)中 k 为时间序列,可取年、季或月等。

3. 预测值的还原

由于 GM 模型得到的是一次累加量, $k \in \{n+1, n+2, \cdots\}$ 时刻的预测值,必须将 GM 模型所得数据 $\hat{X}^{(1)}(k+1)$(或 $\hat{X}^{(1)}(k)$)经过逆生成即累减生成(1-AGO)还原为 $\hat{X}^{(0)}(k+1)$(或 $\hat{X}^{(0)}(k)$),即

$$\hat{X}^{(1)}(k) = \sum_{i=1}^{k} \hat{X}^{(0)}(i) = \sum_{i=1}^{k-1} \hat{X}^{(0)}(i) + \hat{X}^{(0)}(k) \qquad (3-10)$$

式中 $\hat{X}^{(0)}(k) = \hat{X}^{(1)}(k) - \sum_{i}^{k-1} \hat{X}^{(0)}(i)$,因为 $\hat{X}^{(1)}(k-1) = \sum_{i}^{k-1} \hat{X}^{(0)}(i)$,所以

$$\hat{X}^{(0)}(k) = \hat{X}^{(1)}(k) - \hat{X}^{(1)}(k-1) \qquad (3-11)$$

按照式(3-11)原则进行累减运算,原始数列的预测值为

$$\left.\begin{aligned} \hat{X}^{(0)} &= X^{(1)}(1) \\ \hat{X}^{(0)}(k) &= \left[X^{(0)}(1) - \frac{u}{a}\right](1 - \mathrm{e}^{a})\mathrm{e}^{-a(k-1)}, \quad k > 1 \end{aligned}\right\} \qquad (3-12)$$

4. 灰色系统模型的检验

设原始实验值序列为

$$X^{(0)} = \{x^{(0)}(1), x^{(0)}(2), \cdots, x^{(0)}(n)\}$$

相应的模型预测序列为

$$\hat{X}^{(0)} = \{\hat{x}^{(0)}(1), \hat{x}^{(0)}(2), \cdots, \hat{x}^{(0)}(n)\} \qquad (3-13)$$

残差序列为

$$\varepsilon^{(0)} = \{\varepsilon^{(0)}(1), \varepsilon^{(0)}(2), \cdots, \varepsilon^{(0)}(n)\} =$$

$$\{x^{(0)}(1) - \hat{x}^{(0)}(1), x^{(0)}(2) - \hat{x}^{(1)}(2), \cdots, x^{(0)}(n) - \hat{x}^{(0)}(n)\}$$

$$(3-14)$$

相对残差序列为

$$\Delta = \left\{ \left| \frac{\varepsilon 1}{x^{(0)}(1)} \right|, \left| \frac{\varepsilon 2}{x^{(0)}(2)} \right|, \cdots, \left| \frac{\varepsilon 1}{x^{(0)}(n)} \right| \right\} = \{\Delta k\}_1^n \qquad (3-15)$$

将实测值与模型的预测值进行比较，可求出相对残差 $e^{(0)}(k)$，平均残差 $e^{(0)}(\text{avg})$ 及精度 $p°$ 为

$$e^{(0)}(k) = \frac{X^{(0)}(k) - \hat{X}^{(0)}(k)}{X^{(0)}(k)} \times 100\% = \Delta \times 100\% \qquad (3-16)$$

$$e^{(0)}(\text{avg}) = \frac{1}{n} \sum_{i=1}^{n} \left| e^{(0)}(k) \right| \qquad (3-17)$$

$$p° = [100 - e^{(0)}(\text{avg})] \times 100\% \qquad (3-18)$$

3.4.5.2　应用灰色 GM(1,1) 模型预测刀具磨损量

1. 确定原始数列

由于初期磨损阶段刀具磨损速度快且后刀面的磨损增长速度不稳定，所以依据 3.4.4 节中测得的刀具寿命实验数据，选取盘铣 $9 \sim 42$ min，即正常磨损阶段的数据为研究对象。为了简化计算过程，我们只选取 $9 \sim 21$ min 的数据作为已知信息，见表 3-1。

表 3-1　相同时间间隔下的刀具磨损量

时间 /min	9	12	15	18	21
后刀面磨损量 /mm	0.15	0.17	0.18	0.2	0.2

将表 3-1 中的数据代入式(3-1)，则原始数列为

$$X^{(0)} = \{0.15, 0.17, 0.18, 0.20, 0.20\} \qquad (3-19)$$

2. 对原始数列进行累加

将(3-19)中的数据进行 1-AGO，生成累加数为

$$X^{(1)} = \{0.15, 0.32, 0.5, 0.7, 0.9\} \qquad (3-20)$$

3. 进行辨识运算

根据式(3-6)和式(3-7)可得

$$B = \begin{bmatrix} -\dfrac{1}{2}((X^{(1)}(1)) + X^{(1)}(2) & 1 \\ -\dfrac{1}{2}((X^{(1)}(2)) + X^{(1)}(3) & 1 \\ \vdots & \vdots \\ -\dfrac{1}{2}((X^{(1)}(n-1)) + X^{(1)}(n) & 1 \end{bmatrix} = \begin{bmatrix} -0.235 & 1 \\ -0.41 & 1 \\ -0.6 & 1 \\ -0.8 & 1 \end{bmatrix}$$

$$Y_n = (X^{(0)}(2), X^{(0)}(3), \cdots, X^{(0)}(n))^{\mathrm{T}} = \begin{bmatrix} 0.17 \\ 0.18 \\ 0.20 \\ 0.20 \end{bmatrix}$$

采用 Matlab 计算得

$$B^{\mathrm{T}} = \begin{bmatrix} -0.235 & -0.41 & -0.6 & -0.8 \\ 1 & 1 & 1 & 1 \end{bmatrix}$$

$$(B^{\mathrm{T}}B) - 1B^{\mathrm{T}} = \begin{bmatrix} 1.553\,5 & 0.569\,4 & -0.499\,1 & -1.623\,8 \\ 1.044\,3 & 0.541\,1 & -0.005\,2 & -0.580\,2 \end{bmatrix}$$

将$(B^{\mathrm{T}}B) - 1B^{\mathrm{T}}$和$Y_n$代入式(3-5)得

$$\hat{a} = (B^{\mathrm{T}}B)^{-1}B^{\mathrm{T}}Y_n = \begin{bmatrix} -0.058 \\ 0.157\,9 \end{bmatrix} \tag{3-21}$$

4. 确定模型及模型的时间响应式

将式(3-21)和$X^{(0)}(1)$代入式(3-4)和式(3-9)可得确定模型和白化微分方程的时间响应为

$$\frac{\mathrm{d}X^{(1)}}{\mathrm{d}t} - 0.058X^{(1)} = 0.157\,9 \tag{3-22}$$

$$\hat{X}^{(1)}(k) = \left(0.15 + \frac{0.157\,9}{0.058}\right)\mathrm{e}^{0.058(k-1)} - \frac{0.157\,9}{0.05\,8} = 2.872\,4\mathrm{e}^{0.058(k-1)} - 2.722\,4 \tag{3-23}$$

5. 求 $X^{(1)}$ 的的预测值

由式(3-23)求得 $X^{(1)}$ 的的预测数列为

$$\hat{X}^{(1)} = \{0.15, 0.32, 0.503\,2, 0.695\,9, 0.9\} \tag{3-24}$$

6. 预测值还原

运用式(3-12)对 $X^{(1)}$ 的预测值[见式(3-24)]进行还原,还原后的 $X^{(0)}$ 的数列预测值为

$$\hat{X}^{(0)} = \{0.15, 0.17, 0.183\,2, 0.19, 0.204\,1\} \tag{3-25}$$

7. 误差检验

将预测值 $\hat{X}^{(0)}$ 的与实测值 $X^{(0)}$ 的代入式(3-16)～式(3-18)计算相对残

差 $e^{(0)}(k)$，平均残差 $e^{(0)}$(avg)及精度 $p°$，结果见表 3-2。将实验值与预测值对比绘制成曲线，如图 3-14 所示。

表 3-2　刀具寿命实验值与预测值比较

切削时间/min	9	12	15	18	21
实验值/mm	0.15	0.17	0.18	0.2	0.2
预测值/mm	0.15	0.17	0.183 2	0.19	0.204
残差 $\varepsilon(k)$	0	0	−0.003 2	0.01	−0.004
相对残差/(%)	0	0	−1.7	5	−2
平均残差 $e^{(0)}$(avg)	1.74				
模型精度 $p°$/(%)	98.26				

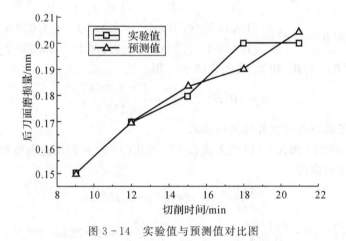

图 3-14　实验值与预测值对比图

由表 3-2 和图 3-14 可以得出，实验值与预测值的相对残差均在 5% 以内，平均残差为 $e^{(0)}$(avg)=1.74，模型精度为 98.26%，所以此模型完全满足后刀面磨损量的预测需要，可以根据该模型进行刀具后刀面磨损量的预测。

3.5　影响盘铣刀寿命的因素及控制措施

在盘铣开槽加工过程中，刀具的寿命受多种因素的影响，如人的因素、环境因素、工艺方法、工件材料等。如图 3-15 所示，可以用鱼刺图形象直观地表示影响刀具寿命的众多因素。本节选择其中的几个重要影响因素进行说明。

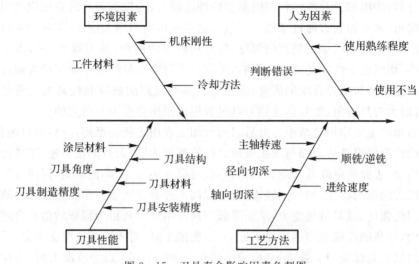

图 3-15 刀具寿命影响因素鱼刺图

1. **切削参数**

1973 年,泰勒提出切削速度与刀具寿命之间具有一定的关系,即

$$VT^n = C \qquad\qquad (3-26)$$

式中 V—— 切削速度;

       T—— 刀具寿命;

       n—— 与加工条件有关的变量,表示切削速度对刀具寿命的影响程度;

       C—— 常数。

此公式可以作为切削速度选择的重要依据。

一般来说,切削速度对刀具的寿命影响最为显著,进给量次之,最后是切削深度,因此在盘铣加工中,以优先选择大的切削深度来提高生产效率,然后据加工条件和加工要求选取最大的进给速度,最后才在刀具使用寿命和机床功率允许的情况下选取最大的切削速度。对于盘铣来说,最高的主轴转速也就相当于最大的切削速度。

2. **刀具角度**[196]

刀具的锋利程度和强度都受前角的影响:一方面,增大刀具前角可以减少切削热和切屑变形程度,从而延长刀具寿命;另一方面,前角过大又会减小散热面积使温度升高,降低刀具耐用度,同时楔角过小易导致崩刃。所以要想提高刀具耐用度,必须遵循一定的原则,使前角在合理的范围内。合理前角的选择原则为:①强度和硬度较高的材料选用较小前角,而强度和硬度较低的材料适用于较大的前角;②对容易产生冷硬现象的塑性材料选用大前角,小前角则适用于加工

— 73 —

脆性材料;③粗加工及断续切削时承受的冲击较大,为保证刀具的强度应选用较小的前角,如果切削刃通过某些工艺强化之后也可适当增大前角;④对于展成法和成形刀具,为了增加切削刃的强度,应选用较小的前角,甚至取 $\gamma = 0°$,由于前角过小,切削加工性能受到一定影响,所以很多研究人员致力于如何增大前角的同时又能保证切削刃强度的研究;⑤当刀具具有良好的韧性和较高的抗弯强度时,可增大刀具前角,如对高速钢刀具可选用比硬质合金刀具较大的前角。

后角的主要作用是减小刀具后刀面与加工表面之间的摩擦,减轻刀具磨损。较小的后角使刀具后刀面与加工表面之间的摩擦加剧,刀具磨损加速,工件冷硬程度增加,表面质量降低。增大后角,不仅可以减小摩擦,降低磨损,同时可以提高切削刃的锋利程度,使切削轻快,有效提高工件表面质量。但后角过大会减小切削刃的强度,减弱散热能力,从而降低刀具耐用度。所以为保证后角在合理的范围内,后角的选取也应遵循以下原则:①粗加工时,对表面质量要求不高,后角的选取以优先保证刀具强度,选取较小后角($\alpha = 40° \sim 60°$);②精加工时,为保证表面质量,选取较大的后角($\alpha = 80° \sim 120°$);③当机床工艺系统刚性差,不稳定时,应当选用较小的后角以增加切削刃强度;④精加工刀具尺寸和形状的变化会对表面加工质量造成不同程度的影响,所以应选用较小的后角以减小刃磨次数。

减小主偏角、副偏角和增大刀尖圆弧半径,可提高刀具强度和降低切削温度,还能提高刀具寿命。

3. 切削液

许多研究表明,切削液的正确运用能有效延缓刀具的磨损速率,延长刀具的使用寿命。赵威[157]认为将氮气作为冷却液进行钛合金加工,可有效降低钛合金与硬质合金刀具摩擦副之间的摩擦因数,并可降低切削力和切削温度,从而改善硬质合金刀具的切削状况,显著降低刀具的磨损。吕东升等[76]分别采用油冷和低温喷射流作为冷却液,发现低温喷射流法相较于油冷方法能更为有效地降低铣削温度,减轻刀具的黏结磨损和氧化磨损,同时抑制刀具边界磨损的发展速度,从而提高刀具的耐用度。S. W. Razat 等[89]研究了在不同冷却液条件下切削钛合金时的刀具磨损情况,研究结果表明在低的进给速度和切削速度情况下,采用菜籽油作为冷却液能大幅度提高刀具寿命,而在高速条件下采用低温冷却的方式更适合钛合金的加工。由于在高温环境下,钛合金元素容易和水蒸气反应,在加工表面生成一种化学物质 TiO,将会导致刀具的磨损加剧,所以水基性的切削液并不适合钛合金加工。近年来绿色切削悄然兴起,Minimum Quantity Lubrication (MQL)技术正以其独特的性能取代传统型浇注式的切削液方式,它是利用压缩空气将最少量的环保型切削油先雾化然后喷向切削区域以降低切削温度,MQL 技术不仅能节省能源,而且对切削区域的降温效果明显,进而提高刀具的使用寿命[158]。

4. 机床性能

机床性能主要指机床的稳定性,在加工过程中必须具有对工件及刀具牢固的夹紧能力,以减小加工过程中的振动,以此来保证加工的准确性,并且能降低刀具磨损的程度,从而提高刀具耐用度。

5. 刀具材料

钛合金热导率小、弹性模量小、高温化学活性大、摩擦因数大等特点,使得在铣削加工中铣削温度高,铣削力大,对刀具磨损造成严重影响,所以针对钛合金的铣削加工,刀具材料必须具有较高的红硬性、韧性和稳定性。陶瓷刀具虽然种类繁多,且硬度和红硬性也较高,但其断裂韧性小,导热性差,高温下对钛的化学活性高等特点,很少用于钛合金的加工。超硬刀具材料目前常用的主要是立方氮化硼(CBN)和金刚石(PCD),它们都具有较高的硬度,良好的耐热性,而且化学稳定性强,但因其价格昂贵限制了它们的广泛应用。高速钢刀具材料在高温下硬度低,导热性差,而且高速钢中的 C、W、V 等元素容易与钛合金元素发生溶解扩散甚至化学反应,所以高速钢材料刀具一般也是不适于加工钛合金的。目前,硬质合金材料刀具因为其良好的红硬性在钛合金加工中被普遍采用。

6. 刀具结构

刀具的结构直接影响铣削过程的稳定性和铣削效率。比如刀具的直径越大,厚度越大,刀具铣削过程中产生的振动越明显,刀具磨损也越严重,所以在优化盘铣刀结构时应尽量使盘铣刀小型化、轻量化。通过本章研究发现,由于盘铣刀通过一个键与铣刀轴连接,这种不对称的结构,容易造成铣削过程中盘铣刀受力不均匀,所以热裂纹和崩刃也更容易出现在键槽对应正上方的切削刃处。在新的盘铣刀结构优化工作中,已将一个键槽改为两个键槽对称分布,以此来减少盘铣刀铣削过程中的不稳定性,降低刀具磨损的速率。另外,整体式三面刃盘铣刀在焊接或刃磨时可能存在残余应力,易在铣削过程中出现裂纹和崩刃,降低刀具耐用度。可转位式三面刃盘铣刀只需通过更换切削刃或新的刀片即可使切削继续进行,省去了刃磨时间,从而提高刀具的寿命,同时刀体能够反复利用,降低刀具制造成本,在切削加工中得到了广泛的应用。

7. 刀具的制造精度和安装精度

盘铣刀刀齿多,由于加工误差和制造误差,每一个刀齿并不在同一圆周上,使得每个齿受力不均匀,容易引起切削振动,进而加剧刀具磨损,降低刀具耐用度,同时影响产品的加工质量,所以在盘铣刀的加工制造阶段就应该严把质量关,控制好刀具的制造精度。

3.6 本章小结

首先对铣削开槽加工过程中的铣削力和铣削温度进行测量,为刀具磨损分析提供实验基础。其次采用表面质量分析仪、扫描电镜、能谱分析的方法对盘铣刀破损形貌、磨损形貌、磨损机理进行观察与分析,并根据后刀面的磨损增长量绘制寿命曲线,最后提出了影响刀具寿命的因素及采取的措施。实验结果表明:盘铣刀的破损形貌有剥落、裂纹、崩刃、塑性变形;磨损形貌主要表现为后刀面磨损;磨损机理则是黏结磨损、氧化磨损、扩散磨损共同作用。通过盘铣刀的寿命曲线可知,如果将盘铣应用于整体叶盘的开槽加工中,必须进一步优化盘铣刀的结构,减缓磨损速度,提高使用寿命。以灰色系统理论为基础,开展盘铣刀刀具寿命预测研究并建立刀具寿命预测模型,通过对模型精度的检验可知,预测模型精度满足工程需要,可用于盘铣刀寿命预测研究。

第4章 基于灰色系统理论的盘铣开槽加工工艺参数优化

4.1 引　言

盘铣属于典型的断续切削,刀具不停地受到机械冲击和热应力的作用,从而加剧刀具磨损,降低刀具寿命,并且在加工表面形成较深的塑性变形区。影响盘铣开槽加工铣削效果的因素很多,如机床性能、夹具、刀具、工件材料、工艺参数、切削液等,可以从不同的方面进行切削条件的优化,从而得到良好的铣削效果。对于一般的加工而言,工件和夹具是设定好的,刀具和机床的结构优化起来成本又太高,所以为了得到更优的切削效果,优化工艺参数是比较可行的方法。本章开展盘铣开槽加工工艺参数优化研究,以期找到更合理的铣削参数,获得最优的铣削效果。

4.2　确定优化目标

工艺参数优化主要包括两方面的内容:建模和确定最优工艺参数。在建模之前首要的任务便是确定优化目标。常用的优化目标有铣削力[159-160]、铣削温度[161]、表面粗糙度[162-163]、铣削振动[164]、材料去除率[165-166]、刀具耐用度等[167]。因为铣削加工是一个复杂的物理、化学、机械共同作用的过程,单个目标之间可能存在相互作用、相互制约,甚至此消彼长。如果单纯地追求铣削效率,可能就会出现铣削力和铣削温度升高,加工表面质量降低。所以对单一目标进行优化,优化出来的结果可能是不合理的,不能用于指导生产实践。

在优化工艺参数时,多目标优化比单目标优化方法更具有应用价值,所以必须综合考虑多目标优化,做到多目标之间的平衡。本书是为整体叶盘盘铣开槽加工所做的探索性研究工作,对于整体叶盘加工来说,盘铣开槽的突出优势在于能极大地提高开槽加工效率,所以材料去除率应当被选作优化目标;在盘铣提升开槽效率的同时,由于铣削力大、铣削温度高、刀具振动剧烈,刀具磨损严重,进而刀具寿命降低,频繁的换刀增加了工序的辅助时间,间接降低了开槽效率,所以刀具寿命也应该被看作盘铣开槽加工过程中重要的因素加以考虑;同样铣削力和铣削温度的作用,使得盘铣开槽表面形成较深的变质层,变质层的存在将影响后续工序的加工,加剧刀具的磨损,如果变质层过深还会影响零件的疲劳性能,所以在盘铣开槽加工过程中需要对变质层的厚度加以控制。由于铣削力和铣削温度是造成变质层和刀具磨损的最重要原因,优化变质层和刀具磨损可间接地得到最优的铣削力和铣削温度工艺参数组合,所以本章不再选取铣削力和铣削温度作为优化目标。综合以上分析,我们确定以材料去除率、刀具寿命、变质层厚度为优化目标,进行多目标参数优化,平衡多评价指标之间的关系,以期找到最合理的工艺参数,得到最优的铣削效果。

目前,常用的切削过程建模方法有统计分析法[168-169]、粗糙集法[170-171]、人工智能神经网络法[172]和模糊集合法[173]。统计分析法需要大量的实验数据,适用于几何样本较大,但需要预先设定好目标函数的表达形式;粗糙集法的突出特点是能处理各种类型的数据,包括确定的和非确定性的,且易于操作;神经网络法具有并行分布式处理功能,能够发挥计算机的高速运算能力,快速找到最优解,而且其自学能力在预测中有着重要的意义;模糊集合法和粗糙集法同样用于处理不确定性现象,但模糊集合法必须提供所需处理数据集合外的先验信息。

参数优化的方法按原理不同可以分为两类[174]:数学规划法和实验方法。数学规划法又分为动态规划、线性规划和非线性规划。实验方法包括因素设计法、响应曲面法、田口法、灰色关联法、支持向量机法、神经网络法等。数学规划法的优势在于能精确地寻找出最优化的参数,由于其本身的局限性,只适用于单目标优化。实验方法简单直观、便于操作,但因为实验数据都是离散型的,且实验数据量的多少直接影响优化效果,所以切削参数对输出目标的影响规律不能实时地描述出来。

4.3　灰色系统理论概述

我们习惯性地用白色表示信息已知,黑色表示信息未知,灰色则表示部分信息已知、部分信息未知。灰色系统理论(Grey System Theory)的创立源于20世纪80年代,我国学者邓聚龙教授在1981年上海中-美控制系统学术会议上所作的"含未知数系统的控制问题"的学术报告中首次使用了"灰色系统"一词[175]。灰色理论认为:一个实际运行的系统是一个灰色系统,这个系统部分信息可知,部分信息不知或知之不准。尽管系统中数据信息不完全,表象复杂,但灰色理论认为它们之间必须存在着一定的规律,各因素之间相互联系[176-178]。灰色系统理论以"部分信息已知，部分信息未知的小样本"不确定性系统为研究对象，主要通过对部分已知信息的生成和开发，提取有价值的信息，实现对系统运行行为、演化规律的正确描述和有效监控[179-181]。灰色系统可以应用的领域包括数据生成、关联分析、预测模式、评估决策和系统控制。灰色系统理论自提出以来，为不精确数据的处理提供了理论指导，在多目标优化设计中得到了广泛的应用。

灰色系统理论可以同时兼顾多个目标，对目标侧重点不同，可得到不同的工艺参数优化结果[182-183]。在实际加工中，除工艺参数外，工件材料、机床性能、冷却液等都会对刀具寿命及变质层厚度产生影响，但无法对其影响程度进行具体分析。灰色关联度分析只考虑各因素的影响结果而不对其进行机理研究，它是根据序列曲线几何形状的相似程度来判断其联系是否紧密。曲线相似程度越高，相应序列之间关联度就越大，即为最优工艺参数组合[184]。

4.4　实　验　设　计

材料：TC4（Ti6Al4V）。样品尺寸：120 mm×60 mm×60 mm，其化学成分及力学性能见表 2-3 和表 2-4，微观组织结构如图 2-5 所示。铣削平台：XH716，顺铣。铣削参数见表 4-1。乳化液作为冷却液。刀具：三面刃错齿盘铣刀，盘铣刀的具体信息见 3.3.3 节。

表 4-1　盘铣工艺参数

因　　素	主轴转速 $n/(r \cdot min^{-1})$	切削深度 a_p/mm	进给速度 $V_f/(mm \cdot min^{-1})$
水平 1	40	3	60
水平 2	70	6	80
水平 3	100	9	100

具体测量方法如下：

1. 刀具寿命

采用后刀面最大磨损量 $V_{B_{max}}$ 作为刀具磨损评价指标，每次铣削深度 60 mm 后将刀具放在表面质量测量仪下观察后刀面磨损值，当超过 3 个以上的刀齿的磨损量达到 0.3 mm 时停止实验，认为盘铣刀失去切削能力，具体测量方法见 3.3.5 节。由于盘铣刀造价高，本次实验中刀具数量有限，所以在测量刀具寿命时没有考虑刃磨次数。

2.材料去除率

材料去除率可按下式计算:

$$Q=\frac{V_f\times a_p\times a_e}{1\ 000}\qquad(5-1)$$

式中　Q—— 材料去除率;

　　　V_f—— 进给速度;

　　　a_p—— 切削深度;

　　　a_e—— 切削厚度,因实验中盘铣刀厚度为 20 mm,此处 a_e 取 20 mm。

3.变质层厚度

由第 2 章的分析结果可知,微观组织变形层、硬化层和残余应力层的厚度呈现出一致性的规律,本章节选取残余应力层厚度代表变质层厚度作为优化目标。残余应力层厚度的测试方法与 2.4.4 节中的方法相同,在此不再详述。

在本次的实验中,为了有效安排实验次数,使用 Taguchi 法的正交设计[185],选取正交表 L9(3^3)安排实验,具体工艺参数设置和实验结果见表 4-2。因素 A、B、C 分别表示主轴转速 $n/(r\cdot min^{-1})$、切削深度 a_p/mm、进给速度 $V_f/(mm\cdot min^{-1})$,Q 为材料去除率,T 为刀具寿命,H_s 为残余应力层厚度,1、2、3 分别代表不同因素的不同工艺水平。

表 4-2　三因素三水平参数及实验结果

实验号	因素			结果		
	A	B	C	$Q/(mm^3\cdot min^{-1})$	T/min	$H_s/\mu m$
1	1	1	1	3.6	20.5	222
2	1	2	3	12	18.9	75
3	1	3	2	14.4	17.5	285
4	2	1	3	6	13.2	225
5	2	2	1	9.6	14.7	230
6	2	3	1	10.8	15.6	250
7	3	1	2	4.8	11.6	206
8	3	2	2	7.2	12.3	215
9	3	3	3	18	9.4	268

4.5　灰色关联分析

4.5.1　实验数据变化

为了使不同单位的实验数据具有可比性,需对收集到的原始数据进行变换和处理,消除其量纲。多因素、多目标的数据变化方法主要依赖于目标的属性类型,目前文献中见到的属性类型有效益型、成本型、固定型、区间型、偏离型、偏离区间型六种[186]。效益型属性是指目标值越大越好的属性,成本型属性是指目标值越小越好的属性,固定型属性是指目标值越接近某固定值 $a(k)$ 越好,区间型属性是指目标值越接近某固定区间 $[a(k),b(k)]$(包括落入该区间)越好,偏离型属性是指目标值越偏离某固定值越好,偏离区间型属性是指目标值越偏离某区间 $[c(k),d(k)]$ 越好[187]。

在盘铣开槽加工过程中,刀具寿命和材料去除率越大越好,属于效益型;而残余应力层厚度则越小越好,属于成本型。分别采用效益型和成本型多指标序列变换公式对表 4-2 中的数据进行变换,变换结果见表 4-3。

效益型:

$$y_i(k) = \frac{x_i(k) - \min x_i(k)}{\max x_i(k) - \min x_i(k)} \tag{4-2}$$

成本型:

$$y_i(k) = \frac{\max x_i(k) - x_i(k)}{\max x_i(k) - \min x_i(k)} \tag{4-3}$$

式中　　$y_i(k)$——变换后数列;

$\quad\quad\quad x_i(k)$——原始数列;

$\quad\quad\quad i$——实验次数;

$\quad\quad\quad k$——优化目标,此处为材料去除率、刀具寿命、残余应力层厚度。

表 4-3　实验数据变换结果

	实验编号	$y_i(Q)$	$y_i(T)$	$y_i(H_s)$
$y_0(k)$		1.0	1.0	1.0
$y_i(k)$	1	0	1.0	0.797
	2	0.583	0.856	0.126
	3	0.75	0.729	0
	4	0.166	0.342	0.759

续表

实验编号	$y_i(Q)$	$y_i(T)$	$y_i(H_s)$
5	0.416	0.477	0.696
6	0.5	0.558	0.443
7	0.083	0.198	1
8	0.25	0.261	0.886
9	1	0	0.215

4.5.2 计算灰色关联系数

关联性实质上是曲线间几何形状的差别,因此,可以将曲线差值的大小作为关联程度的衡量尺度,灰色关联系数计算公式为[187]

$$\xi_i = \frac{\Delta_{\min} + \rho \Delta_{\max}}{\Delta_{oi}(k) + \rho \Delta_{\max}} \qquad (4-4)$$

式中　　$\Delta_{oi}(k) = |y_o(k) - y_i(k)|$——绝对差;

$\qquad\qquad y_o(k)$——参考数列,材料去除率、刀具寿命、残余

$\qquad\qquad\qquad$ 应力层厚度变换后最优值均为1,故参考

$\qquad\qquad\qquad$ 数列取为[1,1];

$\qquad\quad \Delta_{\min} = \min\Delta_{oi}(k)$——最小差;

$\qquad\quad \Delta_{\max} = \max\Delta_{oi}(k)$——最大差;

$\qquad\qquad \rho$——分辨系数,一般取 0.5,用来削弱 $\Delta_{\max}$ 数

$\qquad\qquad\quad$ 值过大而失真的影响,以提高关联系数

$\qquad\qquad\quad$ 之间差异的显著性。

由式(4-4)计算的灰色关联系数见表4-4。

表 4-4　灰色关联系数及灰色关联度

实验编号	灰色关联系数		
	$\xi_i(Q)$	$\xi_i(T)$	$\xi_i(H_s)$
1	0.333	1	0.711
2	0.545	0.776	0.363
3	0.666	0.648	0.333
4	0.374	0.431	0.674

续表

实验编号	灰色关联系数		
	$\xi_i(Q)$	$\xi_i(T)$	$\xi_i(H_s)$
5	0.461	0.488	0.621
6	0.5	0.53	0.473
7	0.352	0.384	1
8	0.4	0.403	0.814
9	1	0.333	0.389

4.5.3　计算灰色关联度

灰色关联度是灰色关联系数的加权和,其计算公式为

$$\gamma(x_0^*, x_i^*) = \sum_{k=1}^{n} \beta_k \gamma \left[x_0^*(k), x_i^*(k) \right] \tag{4-5}$$

式中　β_k——第 k 个响应变量的权重,通过主成分分析确定,$\sum_{k=1}^{n} \beta_k = 1$。

4.5.4　响应权重计算

主成分分析(Principal Component Analysis,PCA)是将数据从高维空间变换到低维空间的降维技术。通过主成分分析可以定量知道各个因子对响应的影响程度或者贡献率,本书利用其计算材料去除率、刀具寿命和残余应力层厚度对灰色关联度的贡献率(即影响权重),步骤如下:

Step1:建立多种质量特征的原始序列,$x_i(j), i = 1, 2, \cdots, m; j = 1, 2, \cdots, n$。

$$\boldsymbol{x} = \begin{bmatrix} x_1(1) & x_1(2) & \cdots & x_1(n) \\ x_2(1) & x_2(2) & \cdots & x_2(n) \\ \vdots & \vdots & & \vdots \\ x_m(1) & x_m(2) & \cdots & x_m(n) \end{bmatrix} \tag{4-6}$$

式中　m——实验次数;

　　　n——目标响应数;

　　　$\boldsymbol{x}$——每个目标响应的灰色关联系数。

本书中 $m = 9, n = 3$。

Step2:计算相关系数数组。

相关系数数组计算方法为

$$R_{jl} = \frac{\text{Cov}(x_i(j), x_i(l))}{\sigma x_i(j)\sigma x_i(l)} \tag{4-7}$$

式中　　$\text{Cov}(x_i(j), x_i(l))$——$x_i(j)$ 和 $x_i(l)$ 的协方差，$j, l = 1, 2, \cdots, n$；

　　　　$\sigma x_i(j)$——$x_i(j)$ 的标准差；

　　　　$\sigma x_i(l)$——$x_i(l)$ 的标准差。

Step3：计算特征值和特征向量。

通过求解下列特征方程，得到特征值 $\lambda_k, k = 1, 2, \cdots, n$，并将其按照从大到小顺序排列，即 $\lambda_1 \geqslant \lambda_2 \geqslant \cdots \geqslant \lambda_n \geqslant 0$。

$$|\lambda_k \mathbf{I}_m - \mathbf{R}| = 0 \tag{4-8}$$

式中　　$\mathbf{I}_m$——单位矩阵。

Step4：计算主成分贡献率和累计贡献率。

主成分贡献率 α_k 和累计贡献率 N_k 分别表示为

$$\alpha_k = \frac{\lambda_k}{\sum\limits_{i=1}^{n} \lambda_i} \tag{4-9}$$

$$N_k = \frac{\sum\limits_{i=1}^{k} \lambda_k}{\sum\limits_{i=1}^{n} \lambda_i} \tag{4-10}$$

一般当 $N_k \geqslant 85\%$ 时，则 $\lambda_1, \lambda_2, \cdots$ 分别称为第一主成分、第二主成分，以此类推。

利用表 4-4 中的灰色关联系数，通过式（4-7）计算系数矩阵 $\mathbf{R}$，然后分别利用式（4-8）～ 式（4-10）计算特征值、贡献率和累计贡献率，结果见表 4-5。

表 4-5　主成分分析结果

主成分	特征值	贡献率
第一主成分（Q）	1.706 6	56.9%
第二主成分（T）	1.146 3	38.2%
第三主成分（H_s）	0.147 1	4.9%
累积贡献率		100%

由表 4-5 可知，第一主成分为材料去除率 Q，第二主成分为刀具寿命 T，第三主成分为残余应力层厚度 H_s，其贡献率分别为 56.9%，38.2%，4.9%，因此式（4-5）中的 $\beta_1 = 0.569$，$\beta_2 = 0.382$，$\beta_3 = 0.049$。将主成分分析结果代入式（4-5），计算出灰色关联度，见表 4-6。对于盘铣开槽加工来说，材料去除率 Q

贡献率最大,进而说明提高效率是盘铣开槽加工的最终目的。

表 4 - 6　灰色关联度

实验编号	灰色关联系数			灰色关联度 γ_i	排序
	$\xi_i(Q)$	$\xi_i(T)$	$\xi_i(H_s)$		
1	0.333	1	0.711	0.606	4
2	0.545	0.776	0.363	0.624	3
3	0.666	0.648	0.333	0.642	2
4	0.374	0.431	0.674	0.41	8
5	0.461	0.488	0.621	0.479	6
6	0.5	0.53	0.473	0.51	5
7	0.352	0.384	1	0.395	9
8	0.4	0.403	0.814	0.421	7
9	1	0.333	0.389	0.715	1

　　由表 4 - 6 中的数据绘制灰色关联度曲线,如图 4 - 1 所示。

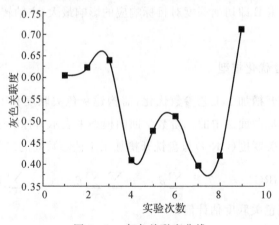

图 4 - 1　灰色关联度曲线

　　灰色关联度越大,相应的响应目标越好,由图 4 - 1 可知,实验 9 所对应的响应目标最好。与之相对应,当参数水平所对应的平均灰色关联度最大时,所对应的目标响应最好[188]。

$$\bar{\gamma}_{XY} = \frac{1}{N} \sum_{j=m}^{n} r_j \tag{4-11}$$

$$\delta_{x\max} = \max\overline{\gamma}_{xy} - \min\overline{\gamma}_{xy} \qquad (4-12)$$

由式(4-11)可计算各工艺因素在各水平下的平均灰色关联度;根据式(4-12)可计算各工艺因素各水平平均灰色关联度的最大差值 $\delta_{\max}$,计算结果见表4-7。

表4-7中带 * 的平均灰色关联度最大,即为各因素的最佳水平,主轴转速的最佳水平为 40 r/min,切削深度的最佳水平为 9 mm,进给速度的最佳水平为 100 mm/min。

表4-7 各因素各水平的平均灰色关联度

因素	平均灰色关联度			$\delta_{X\max}$
	水平 1	水平 2	水平 3	
A	0.624 *	0.466	0.51	0.114
B	0.47	0.508	0.622 *	0.152
C	0.512	0.505	0.583 *	0.078

由灰色系统相关理论知, $\delta_{X\max}$ 代表各工艺参数对考察指标的影响程度。由表4-7可知,因素B即切削深度对目标响应的影响最大,主轴转速次之,进给速度的影响最小。

4.5.5 建立优化模型

为进行盘铣开槽加工工艺参数优化,需构建灰色关联度和工艺参数间的关系。通常采用响应曲面法中的二阶数学回归模型来表示目标响应和输入因子之间的关系。灰色关联度(GRG)与盘铣开槽加工工艺参数间的二阶回归方程为

$$\hat{y} = GRG - \varepsilon = \beta_0 + \sum_{i=1}^{4}\beta_i x_i + \sum_{i=1}^{4}\sum_{j=i+1}^{4}\beta_{ij} x_i x_j + \sum_{i=1}^{4}\beta_{ii} x_i^2 \qquad (4-13)$$

式中 $\hat{y}$ —— 灰色关联度估计值;

$\quad\quad x_i$ —— 盘铣开槽加工工艺参数;

$\quad\quad \varepsilon$ —— 实验误差;

$\quad\quad \beta$ —— 二次回归系数。

式中(4-13)的第二项表示线性效应,第三项表示交互效应,第四项表示二次效应。

利用Minitab软件对实验数据进行回归分析,建立灰色关联度的预测模

型。灰色关联度的预测值和计算值对比如图 4-2 所示。由图 4-2 可知,灰色关联度的预测值与计算值非常接近,平均偏差为 1.39%,表明预测值和计算值之间无显著差异。模型的方差分析结果见表 4-8,其中 $R\text{-}Sq$ 表示回归模型与数据的吻合度,$R\text{-}Sq(adj)=96.16\%$ 表明模型与实验数据吻合度很好;$R\text{-}Sq$ 和 $R\text{-}Sq(adj)$ 非常接近,表明模型非常可靠。图 4-3 为预测模型的残差图,图 4-3 中所有残差都在 0 值附近随机分布,无异常点出现,说明预测模型对观测值的拟合度良好。因此,基于正交实验和灰色关联分析的回归模型可作为灰色关联度的预测模型。

$$\hat{y}=0.568-0.024\ 22n-0.103\ 3a_p+0.024\ 7v_f+0.000\ 112n^2+$$
$$0.004\ 26a_p^2-0.000\ 143v_f^2+0.001\ 107n\times a_p \tag{4-14}$$

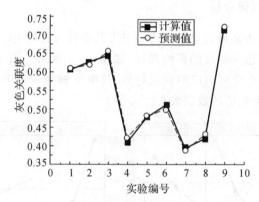

图 4-2　灰色关联度预测值与计算值对比图

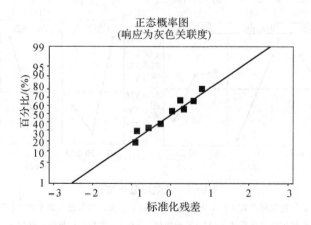

图 4-3　灰色关联度预测模型的残差图

表 4 - 8   预测模型方差分析结果

参数	自由度(f)	平方和(S)	均方(V)	F	$F_{0.01}(3,5)$	$F_{0.05}(3,5)$	显著性
回归平方和	7	0.108 252	0.015 465	29.59	12.06	5.41	是
残差平方和	1	0.061 527	0.020 509				
总和	8						
	SD=0.022 861 9		R-Sq=99.52%			R-Sq(adj)=96.16%	

注:SD 为标准差;S-Sq 为一个整体,代表回归模型误差占总误差的百分比;R-S(adj)表示调整的回归模型误差占总误差的百分比。

4.5.6 影响规律分析

利用主效应分析来研究盘铣开槽加工工艺参数对材料去除率、刀具寿命、残余应力层厚度和灰色关联度的影响规律,如图 4 - 4 所示。图 4 - 4 表示工艺参数 n,a_p 和 V_f 单独变化时响应的变化趋势,其中 x 轴表示每个工艺参数的三个水平,Y 轴表示每个响应的数值大小。

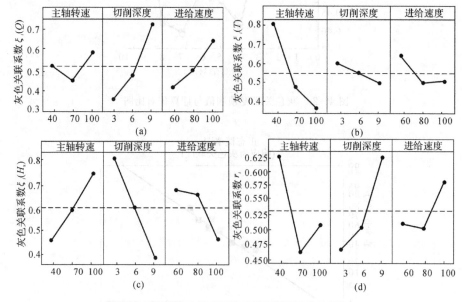

图 4 - 4   主效应分析结果

(a)工艺参数对灰色关联系数 $\xi_i(Q)$ 影响规律;   (b)工艺参数对灰色关联系数 $\xi_i(T)$ 影响规律;
(c)工艺参数对灰色关联系数 $\xi_i(H_s)$ 影响规律;   (d)工艺参数对灰色关联度 γ_i 影响规律

　　由图 4 - 4(a)可知,对于材料去除率,切削深度斜率最大,表明切削深度对材料去除率的影响最大,而主轴转速和进给速度的影响相对较小。其中,材料去除率随着主轴转速的增加呈现先减小后增大的趋势,随着切削深度和进给速度的增大而增大。因此要想使材料去除率达到最大,应取 $n=100$ r/min, $a_p=9$ mm, $V_f=100$ mm/min,称之为 max - Q 参数组合。

　　由图 4 - 4(b)可知,对于刀具寿命来说,主轴转速的斜率最大,表明主轴转速对刀具寿命影响最为显著,切削深度和进给速度的影响则不明显,其中出于切削深度的影响较小,在此处可忽略不计。刀具寿命随着主轴转速和进给速度的增加而减小,因此要使刀具寿命达到最大,应取工艺参数 $n=40$ r/min, $a_p=3$ mm, $V_f=60$ mm/min,我们称之为 max - T 参数组合。

　　由图 4 - 4(c)可知,切削深度对残余应力层厚度的变化直线斜率最大,表明其对残余应力层厚度影响较大,主轴转速次之,进给速度最不显著。残余应力层厚度随着主轴转速的增加而增加,随着切削深度和进给速度的增大而减小。所以要想获得较浅的残余应力层,应取工艺参数 $n=100$ r/min, $a_p=3$ mm, $v_f=60$ mm/min,称之为 min - H_s 参数组合。

　　由图 4 - 4(d)可知,对于灰色关联度,主轴转速和切削深度的影响较大,进给速度的影响相对较小,其中灰色关联度随着主轴转速和进给速度的增大呈现先减小后增大的趋势,随着切削深度的增大而增大。

　　从上述分析发现,Q、T 和 H_s 的灰色关联系数均为参数依赖性响应,灰色关联度(GRG)亦为参数依赖性响应,且工艺参数对灰色关联度的影响是工艺参数对各响应的灰色关联系数影响的加权和。因此可以通过灰色关联度的变化来体现工艺参数对各响应目标的影响规律,对灰色关联度的优化可实现对材料去除率、刀具寿命和残余应力层厚度的整体优化。

4.6　优化结果及实验验证

4.6.1　优化结果

　　利用 Minitab 软件中的响应优化器对所建立的灰色关联度预测模型进行分析,得到灰色关联度的最优解为 GRG=0.742 4,所对应的工艺参数组合为:$n=100$ r/min, $a_p=9$ mm, $V_f=86$ mm/min,如图 4 - 5(a)所示。同理,利用等权方法,即式(4 - 5)中取 $\beta_1=0.333$, $\beta_2=0.333$, $\beta_3=0.333$,获得的灰色关联度最优解为 GRG*=0.715,所对应的工艺参数组合为:$n=40$ r/min, $a_p=3$ mm, $V_f=76$ mm/min,我们称之为等权优化参数组合,如图 4 - 5(b)所示。

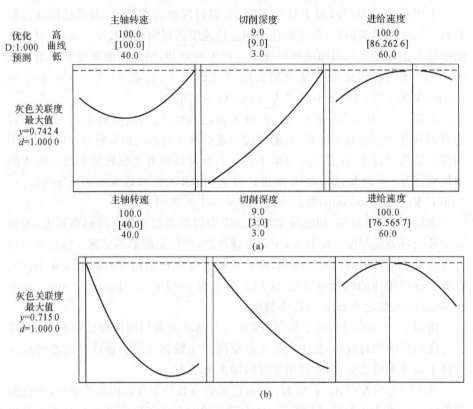

图 4-5 工艺参数优化结果

(a) 灰色模型预测方法； (b) 等权优化方法

4.6.2 实验验证

采用 4.6.1 节所提出的灰色模型预测方法得到的工艺参数组合,进行盘铣开槽加工实验;同时将等权优化方法得到的工艺参数组合作为对比实验组。图 4-6 为盘铣开槽加工实验加工现场图,表 4-9 为实验验证结果。实验结果表明,灰色模型优化方法所对应的工艺参数在材料去除率方面具有绝对的优势,约是等权优化方法所对应工艺参数的 3 倍;如果从刀具寿命和残余应力层厚度方面分析,等权优化方法所对应的工艺参数可得到较长的刀具寿命和较浅的残余应力层,相对于灰色模型分析法所对应的工艺参数,刀具寿命提高 1 倍左右,残余应力层厚度由于相差不大,这里暂不做对比分析。虽然两种方法分析出来的结果各有优势,但结合盘铣开槽加工的应用环境可知,材料去除率是首要考虑的问题,所以在选取工艺参数方面应优先保证材料去除率,其次才是刀具寿命。由此说明,等权优化方法应用在盘铣开槽加工过程中具有一定的局限性,而根据实验数据来计算每个响应对多目标优化响应影响权重的方法更为可靠有效。

图 4 - 6　盘铣开槽实验加工现场

表 4 - 9　实验验证结果

参数组合	$n/(r \cdot min^{-1})$	$a_p/(mm)$	$V_f(mm \cdot min^{-1})$	$Q/(mm \cdot min^{-1})$	T/min	$H_s/\mu m$
灰色模型方法	100	9	86	15.48	10.8	252
等权优化方法	40	3	76	4.56	19.5	230

4.7　本章小结

　　铣削过程受多种因素的共同作用,单目标优化会造成结果不合理,本章采用灰色系统理论进行多目标优化。确定材料去除率、刀具寿命、残余应力层厚度为优化目标,设计三因素三水平正交实验,进行材料去除率、刀具寿命、残余应力层厚度的计算和测量,基于灰色关联分析将多目标优化转化为单目标优化,利用主成分分析确定优化目标对灰色关联度的权重,并建立优化模型,利用优化后的工艺参数进行盘铣开槽加工对比实验,实验结果证明加权灰色关联分析优化盘铣开槽加工工艺参数是可靠有效的,并可推广到其他相关领域。

第5章 盘铣刀具结构优化设计

5.1 引　言

盘铣刀的结构和性能直接影响着刀具的使用寿命和盘铣开槽加工效率,本章以某航空发动机1~6级压气机盘为加工对象,分析其通道特征,以最大限度切除通道粗加工余量为原则,规划盘铣可加工区域,并以此为基础设计盘铣刀的结构和尺寸,选取刀体、刀片材料和刀片型号,确定盘铣刀与主轴头的装夹方式和刀片的夹紧结构,以期使其在整体叶盘盘铣开槽加工中发挥良好的铣削性能。

5.2　整体叶盘开槽工艺分析

5.2.1　整体叶盘通道几何特征分析

为了合理地设计盘铣刀的结构和尺寸,使其满足整体叶盘开槽加工的要求,在刀具设计之前,必须对整体叶盘的通道特征进行分析。通道特征分析包括通道的宽度和深度、叶片的扭曲程度、叶片的厚度、前后缘大小及变化情况、各个截面的厚度、过渡圆角半径等[189-190]。整体叶盘按结构不同可分为开式整体叶盘(不带箍)、闭式整体叶盘(带箍)[191],如图5-1所示。本书所研究的盘铣开槽加工,由于工艺特性的限制,只适用于开式整体叶盘的加工,所以本章不对闭式整体叶盘的通道特征进行说明。

图5-2为开式整体叶盘的通道特征示意图,可见其主要由轮毂和两个叶片组成[192],相邻两个叶片及轮毂构成整体叶盘的通道,其明显特征为结构复杂、开敞性差、深而窄;叶片表面主要是直纹面或自由曲面,且曲率变化大、扭度大、比较薄、叶展长、受力易变形。在同一叶片上呈凹字形的那一面叫作叶盆面,与之对应呈凸字形的一面叫作叶背面,叶片与轮毂的相交线叫作叶根曲线,沿径向远离轮毂处的叶片顶部分叫作叶尖子午线。当有气流进入时,叶尖子午线会随着流动的气流进行旋转,形成环状面。

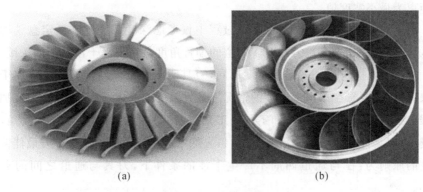

(a)　　　　　　　　　　　(b)

图 5-1　整体叶盘

(a)开式整体叶盘；　(b)闭式整体叶盘

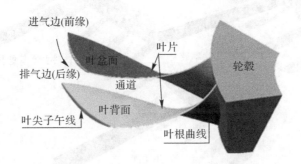

图 5-2　开式整体叶盘通道特征

5.2.2　盘铣可加工区域分析

　　盘铣开槽属于粗加工,目的是在不影响后续工序的前提下尽可能多地去除通道可加工余量,虽然加工精度要求不高,但因为叶片扭曲使得通道复杂,刀具和通道容易产生干涉,必须计算出通道的宽度和深度,为正确合理设计刀具提供依据。

　　由于叶片表面由离散的数据点拟合而成[193-194],所以可以通过离散法对通道的宽度和深度进行计算。具体方法如下:将同一叶片叶盆面上的叶根曲线和叶尖子午线、叶背上的叶根曲线和叶尖子午线分别用参数化公式表示出来,然后根据参数化方程将这四条曲线离散成尽可能多的同等数量的点,取叶盆面和叶背面上的叶根曲线和叶尖子午线之间径向上相对应离散点之间的最大值,作为通道的深度值;按照同样的方法,分别取相邻两个叶片的叶盆面和叶背面,将其参数化,再将其离散化,相对应离散点之间的最大距离为通道的最大宽度值,最小距离为最小宽度值。

由于叶片的曲率变化大,在加工过程中仅考虑深度和宽度来确定盘铣的加工区域是不可取的,盘铣刀相对于通道的偏置角度是实现无干涉铣削的关键,如图5-3所示,由于盘铣刀偏置角度不同,刀具所能加工深度不同或是出现干涉现象。所以,要想在不出现干涉的情况下最大限度地去除通道材料,必须在加工过程中根据不同的曲率半径和不同的工艺路线调整刀具与通道之间的夹角,夹角越小,刀具伸入通道的长度越大,材料去除率越高。因此确定盘铣刀最佳偏置角度的原则为:在与通道四周不产生干涉的条件下,刀具与通道之间的夹角最小。

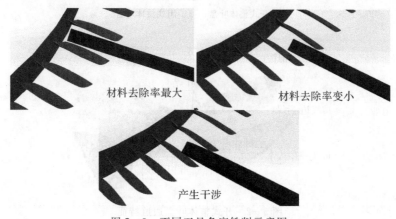

图5-3 不同刀具角度铣削示意图

5.3 盘铣刀刀体设计

5.3.1 盘铣刀整体结构确定

由于目前市场上的盘铣刀多属于标准产品,针对整体叶盘的通道特征及盘铣工艺的特点,必须特别定制盘铣刀的结构,方能满足其加工要求。三面刃盘铣刀不仅圆周表面上有主切削刃,两侧面同时具有副切削刃,这样的结构优势在于主切削刃和副切削刃能同时参与切削,有效提高加工效率,满足了提高整体叶盘开槽粗加工效率的要求。

三面刃盘铣刀依据结构不同可分为:整体式三面刃盘铣刀和可转位式三面刃盘铣刀,如图5-4所示。整体式三面刃盘铣刀是采用高频焊机将刀片焊接在刀体上,但这种铣刀当一个刀齿崩坏或磨损严重时,要修磨全部刀齿,甚至整个刀体报废,会造成极大的浪费。可转位式三面刃盘铣刀是将可转位刀片用机夹的方法装在刀体上,刀齿磨损后可通过转换切削刃或更换刀片的方式继续使用,刀体还使用原来的刀体。相比于整体式三面刃盘铣刀,可转位三面刃盘铣刀具有以下优点[195]:①刀片可以独立于刀体而存在,其通用性和互换性提高;②刀片采用机械夹紧的方式可以有效避免焊接和刃磨带来的残余应力,刀具寿命提高,而且机械夹紧方式根据不同的加工材料可以方便地更换不同的刀片材料,其便捷性极大地提高了加工效率;③刀片和刀槽装夹位置相对固定,可以节省对刀和换刀时间,从而提高加工效率;④每次只需更换刀片或切削刃,而刀体可继续使用,可有效节省刀具制造成本。

由于三面刃铣刀圆周上的刀齿是直的,因此两端面上的刀齿的前角为 $0°$,使得加工耐磨性差,振动大。所以为了改善两个端面上刀齿的切削条件,将刀齿交错分布,形成错齿三面刃盘铣刀,可使参与切削的切削刃长度缩短,从而分担切削刃上承受的切削力,切削过程更加平稳,且容屑空间大,排屑容易。根据以上分析及刀具磨损研究结果,优化刀具结构为可转位错齿三面刃盘铣刀,加工过程中,只需根据刀片的磨损程度及时更换刀片,刀体则可反复使用,可有效降低刀具制造成本,提高加工效率。

(a)　　　　　　　　　　　　　　(b)

图 5-4　三面刃盘铣刀

(a)整体式三面刃铣刀;　(b)可转位式三面刃铣刀

5.3.2　可转位盘铣刀几何尺寸确定

本章节以某航空发动机 1~6 级压气机盘为加工对象进行盘铣刀具体结构

及尺寸的设计,以 1 级和 2 级压气机盘为例进行设计说明。由 5.2.2 节中的方法计算出 1 级和 2 级压气机盘通道的深度和宽度,因为盘铣属于粗加工,所以在计算宽度和深度数值的基础上增加插铣和侧铣工艺的加工余量,具体的计算结果见表 5-1。

表 5-1 1 级和 2 级压气机盘通道深度和宽度

序号	通道宽度/mm	通道深度/mm
1 级压气机盘	19.76	74.87
2 级压气机盘	17.30	53.42

要想设计出合理的盘铣刀尺寸,先必须根据通道宽度设计出盘铣刀的合理厚度。刀具太厚会造成切削干涉,增加刀具制造成本,造成材料浪费,刀具太薄则会降低加工效率,使盘铣开槽的优势不能得到充分发挥。图 5-5 为盘铣刀厚度对开槽的影响。为了提高盘铣刀的通用性,减少换刀时间,刀具厚度的设计原则为:盘铣刀同时适用于 1 级和 2 级压气机盘开槽加工,适用于 1 级和 2 级压气盘加工的刀具称为 ♯1 盘铣刀。所以根据表 5-1 中 1 级压气盘和 2 级压气盘通道宽度,将盘铣刀厚度设定为 15 mm,通过调整刀具相对于通道的偏置角度,不仅能最大限度地切除通道余量,而且能同时适用于 1 级和 2 级压气机盘的开槽加工。

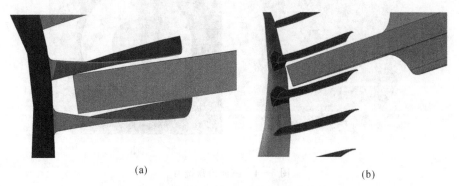

(a)   (b)

图 5-5 盘铣刀厚度对开槽的影响

(a)刀具不可达——干涉; (b)刀具可达——不干涉

要使盘铣刀能最大限度地切除可加工余量,仅考虑其厚度远远不够,刀具直径则直接决定了刀具能否满足通道深度的加工要求,盘铣刀直径的设计原则为:

盘铣刀可伸入通道参与切削的长度要大于通道深度。根据 5.3.6 节中盘铣刀的装夹方式及 1 级和 2 级压气机盘的通道深度,刀具的伸出长度要大于 74.87 mm 和 53.62 mm,方可实现深度方向上的切削加工。根据以上分析,设计出的♯1 盘铣刀结构二维图见附录。盘铣刀伸出长度的计算公式为

$$刀具伸出长度 = \frac{刀具直径 - 刀具凸台直径}{2} \qquad (5-1)$$

经计算,刀具伸出长度 $= \frac{(420 - 235)\ mm}{2} = 92.5\ mm$。

考虑到过渡圆角的影响,盘铣刀实际参与切削的长度小于理论长度,故♯1 盘铣刀的伸出长度为 90 mm。按照同样的方法设计适用于 3 级和 4 级与 5 级和 6 级压气机盘开槽加工的♯2 和♯3 盘铣刀。

5.3.3　盘铣刀齿数确定

盘铣刀按齿数多少可分为粗齿刀和细齿刀。粗齿铣刀齿数较少,每齿切削负荷较大,刀具振动大,刀齿强度高,且容屑空间大,但加工效率低。细齿刀齿数多,分配到每个刀齿上的走刀量小,刀具振动较小,可提高加工效率和表面粗糙度,但齿数多会增加刀具成本,降低刀齿强度,减小容屑空间。粗齿铣刀一般用于粗加工,细齿刀则用于精加工和半精加工。考虑到盘铣开槽是粗加工,切削量大,铣削过程中对刀具的冲击较大,所以刀具齿数不易太多,以增加刀齿的强度,但齿数太少又会降低切削效率,与盘铣开槽提高加工效率的原则相悖,综合考虑多种因素并依据如下的经验公式最终取其中间值,预选齿数,后续根据实际加工情况进行齿数优化:

按粗齿和细齿,可转位铣刀齿数的计算公式为

粗齿: $\qquad\qquad Z = (0.04 \sim 0.05)D \qquad\qquad (5-2)$

细齿: $\qquad\qquad Z = (0.06 \sim 0.08)D \qquad\qquad (5-3)$

式中　Z——齿数;

　　　D——盘铣刀直径。

根据盘铣刀的直径分别确定♯1、♯2 和♯3 盘铣刀的齿数分别为 24、27 和 28。

5.3.4　盘铣刀容屑槽设计

容屑槽的形状和大小不仅影响着容屑体积和排屑能力,而且不合适的容屑槽将会降低刀体的强度。容屑槽尺寸过大,虽然排屑效果好,但无法保证刀体的强度,由冲击力造成刀体变形或刀片破损;容屑槽过小,切屑不能及时有效地排

出,切削刃处温度升高,同样也会加剧刀具磨损,降低刀具寿命。所以容屑槽的尺寸对盘铣刀设计来说也是一个重要的尺寸参数,因为没有相关可转位盘铣刀容屑槽的设计公式可借鉴,本节借用拉刀容屑槽的设计方法来设计盘铣刀的容屑槽尺寸。常用的容屑槽形状如图5-6所示[196],分别为双圆弧型、专用双圆弧型和加长齿距型。双圆弧型和专用双圆弧型容屑槽的槽底都由两段圆弧组成,能保证切屑很好的卷曲,容屑空间也较宽敞,但由于其形状复杂,给制造加工带来一定困难,所以选用形状较为简单的加长齿距型容屑槽,槽底由一段圆弧和一段直线组成,齿距较大,有足够的容屑空间。

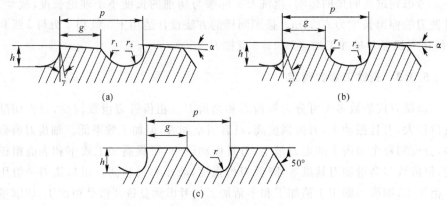

图 5-6 容屑槽形状
(a)双圆弧型; (b)专用双圆弧型; (c)加长齿距型

加长齿距型容屑槽的主要参数可按下式求出,即

$$h = (0.3 \sim 0.35)p \tag{5-4}$$
$$g = (0.3 \sim 0.35)p \tag{5-5}$$
$$r = 0.6h \tag{5-6}$$

以 ♯1 盘铣刀为例进行容屑槽的设计。已知 ♯1 盘铣刀齿数为 24,直径为 420 mm,则可求出 $p = 53$ mm,将 $p = 53$ mm 代入式(5-4)~式(5-6),式(5-4)和式(5-5)取系数 0.3,可得 $h = 15.9$,$g = 15.9$,$r = 9.54$,将数据进行圆整,取 $h = 15$,$g = 15$,$r = 9$。

齿距及容屑槽的尺寸确定之后,应根据容屑情况进行校验,即校验容屑槽的空间能否宽敞地容纳切屑。具体要求是:容屑槽的有效容积(V_c)必须大于切屑体积(V_j)。如图5-7所示,即

$$\frac{V_c}{V_j} \geqslant k \quad (k \text{ 为容屑系数,取值范围为 } 2.5 \sim 5.5) \tag{5-7}$$

将容屑槽的有效容积(V_c)近似为圆柱体,可表示为

$$V_j = \frac{\pi r^2}{2} nh \tag{5-8}$$

式中　　r——容屑槽半径;

　　　　n——容屑槽数目;

　　　　h——容屑槽深度。

　　切屑体积(V_j)为刀具旋转一周切除材料的体积,可表示为

$$V_j = 2\pi R l f \tag{5-9}$$

式中　　R——盘铣刀半径;

　　　　l——刀片主切削刃长度;

　　　　f——进给量。

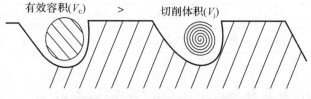

图 5 - 7　容屑槽容屑情况

　　将式(5-8)和式(5-9)代入式(5-7),可得校验公式为

$$r_j \geqslant \sqrt{4Rflk/nh} \tag{5-10}$$

　　根据所设计盘铣刀的尺寸参数及刀片参数,参数选取如下:$R = 210$ mm, $f = 0.1$ mm/min,$l = 9.525$ mm(根据后边 5.4.3 节和 5.4.5 节所选刀片尺寸和刀片装夹方式得出),$k = 4$,$n = 24$,$h = 15$ mm,将参数代入式(5-10),可得 $r_j \geqslant$ 7.61 mm,因为本次设计中的盘铣刀容屑槽半径为 9 mm(>7.61 mm),所以校验结果证明容屑槽尺寸满足切屑卷曲的需要,可使切屑流畅地排除。按照相同方法设计 ♯2 和 ♯3 盘铣刀的容屑槽尺寸,具体数值见表 5-2。图 5-8 为根据所设计参数构造出的 ♯1、♯2 和 ♯3 盘铣刀的三维实体造型图,盘铣刀的具体几何尺寸见表 5-3。

表 5 - 2　盘铣刀容屑槽尺寸

编　　号	p	h	g	r	r_j
♯1	53	15	15	9	7.61
♯2	40	12	12	7	4.23
♯3	40	12	12	7	4.76

表 5 - 3　盘铣刀几何尺寸

刀具号	♯1	♯2	♯3
刀具直径/mm	φ420	φ360	φ360
刀具内孔直径/mm	φ100	φ100	φ100
齿数	24	27	28
厚度/mm	15	10	7
刀具伸出长度/mm	90	62.5	45
刀体材料	42CrMo	42CrMo	42CrMo
刀片材料	YT15	YT15	YT15
刀片型号	CNE323	LNE323	LNE323
适用压气机盘	1级、2级	3级、4级	5级、6级

图 5 - 8　盘铣刀三维造型图

5.3.5　刀体材料

盘铣开槽是粗加工、转速低、切削力大,盘铣刀自身直径较大又是断续切削,切削过程中的冲击和振动将会对刀体造成较强的反作用力,所以盘铣刀刀体应具有足够的强度和刚度。一般常用的刀体材料有 45♯钢、40Cr 和 42CrMo 调质处理。相对于 45♯钢而言,由于 Cr 的存在,40Cr 和 42CrMo 经调质处理后,淬透性提高,其强度、硬度、冲击韧性等机械性能明显高于 45♯钢;42CrMo 强度高,淬火变形小,在高温时有高的抗蠕变性能和强度持久等特点,调质处理后有较高的疲劳极限和抗多次冲击的能力,且低温冲击韧性良好,抗拉强度和屈服强度均大于 40Cr。40Cr 和 42CrMo 的力学性能对比见表 5 - 4。综合以上分析,选用调质处理 42CrMo 作为盘铣刀的刀体材料,更适合盘铣开槽的加工条件。

表 5 - 4　40Cr 和 42CrMo 力学性能对比[197-198]

材料牌号	40Cr	42CrMo
抗拉强度 σ_b/MPa	≥980	≥1 080
屈服强度 σ_s/MPa	≥785	≥930
伸长率 δ/(%)	≥9	≥12
断面收缩率 ψ/(%)	≥45	≥45
冲击功 A_{KV}/J	≥47	≥63
布氏硬度(HBS)	≤207	≤217

5.3.6　盘铣刀装夹方式

早期盘铣主轴头采用对称式结构,如图 5 - 9(a)所示,但在切削过程中凸出的主轴箱体容易引起干涉现象,影响整体叶盘开槽加工的材料去除率,故优化为非对称结构,如图 5-9(b)所示。优化后的主轴结构不仅有效解决了切削过程中的干涉问题,而且减轻了盘铣主轴头的质量,提高了主轴头的刚性。

盘铣刀具体装夹方式如图 5-10 所示,由于在 3.4.2 节盘铣刀破损形貌及磨损形貌中发现刀具在键槽所对应的位置容易出崩刃和裂纹,其原因可能是键槽的不对称结构使得切削过程不平稳引起切削力突然变化。为了避免这种结构对刀具磨损带来的弊端,在此次刀具结构设计中采用 2 个平键将刀具与法兰盘连接。具体装夹方式如下:以法兰盘左侧为安装基准,轴向定位盘铣刀,压紧块1 和压紧块 2 通过内螺纹与法兰盘上的外螺纹相连,轴向锁紧盘铣刀,达到传递扭矩的目的。图 5 - 11 为盘铣刀装夹实物图。

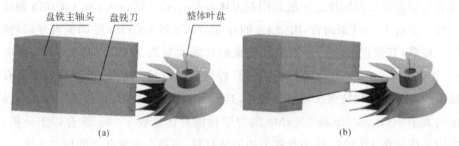

(a)   (b)

图 5 - 9　盘铣主轴头结构示意图

(a)对称结构;　(b)非对称结构

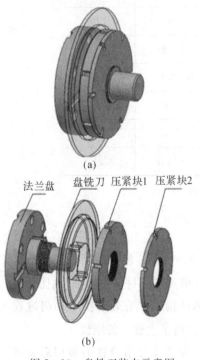

图 5 - 10　盘铣刀装夹示意图

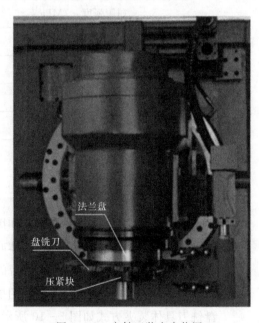

图 5 - 11　盘铣刀装夹实物图

5.4　盘铣刀刀片设计与选用

5.4.1　刀片形状选取

常用的带有中心孔的硬质合金可转位刀片的形状有以下几种，如图 5 - 12 所示[201]：有圆形、正方形、长方形、等边/不等边三角形、菱形、平形四边形、正五边形、等边/不等边六边形、正八边形。刀片的几何参数有前角、后角、刀尖圆弧半径、螺钉孔半径、断屑槽类型等。刀片形状选择要考虑具体的加工条件而确定。

刀片的边数越多，可利用的切削刃也越多，刀具的耐冲击性越好，刀具寿命越长，但这种形状的刀片由于切削刃变短，切削时承受较大的背向力，易引起振动，所以必须根据被加工零件的形状来最终确定刀片形状。结合盘铣开槽的加工形状，♯1、♯2 和♯3 号盘铣刀分别选择菱形和长方形刀片。

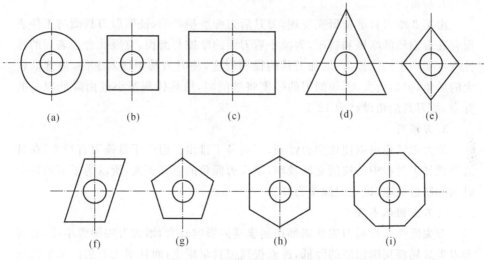

图 5 - 12　常用可转位刀片形状

5.4.2　刀片断屑槽选取

断屑槽的作用是使切屑按照可控制的长度和形状折断，便于排屑、处理和输出。有无断屑槽取决于被加工工件的材料性能。因为盘铣本身就属于断续切削，切削速度较低，且钛合金切屑的卷曲半径小，切屑从切削刃脱离后立马向上翻卷,刀片上的断屑槽并没有起到断屑作用,所以为简化刀片制造过程,此次所选刀片无断屑槽。也可通过选用较小的刀具前角来增强断屑功能。

5.4.3 刀片角度选取

关于刀片角度的选择,应从盘铣开槽的工艺特点和钛合金材料加工特性两方面综合考虑。

1.前角

一方面,增大刀具前角可以减少切削热和切屑变形程度,从而延长刀具寿命;另一方面,前角过大会减小散热面积使温度升高,降低刀具耐用度,同时楔角过小易导致崩刃。盘铣开槽不仅是断续切削而且是粗加工,切削速度低,切削力和切削冲击较大,为使切削刃有足够的强度,应取较小的前角;钛合金弹性模量低、变形系数小、刀屑接触长度短,在切削过程中切削力大、切削温度高,为增加切削刃强度和散热体积,宜取较大的前角。综合以上分析,本次所设计刀具的前角为 $6°$。

2.后角

由第 3 章刀具磨损研究发现,刀具后刀面磨损严重,证明后刀具面与工件表面存在着剧烈的摩擦和挤压,为减小后刀面的摩擦与磨损,克服钛合金表面的弹性恢复所产生的摩擦力,增加刀具的锋利程度,使刀刃易于切入工件,应选取较大的后角,但后角太大,切削刃的强度将被削弱,散热体积减小进而降低刀具的寿命,故刀具后角设计为 $12°$。

3.刃倾角

增大刃倾角可以使切削刃锋利,切屑易于排出。但由于盘铣刀直径大,在盘铣开槽加工过程中的铣削宽度较窄,增大刃倾角的意义不大,所以为了节约制造时间和制造成本,设计刃倾角为 $0°$。

4.刀尖圆弧半径

刀尖圆弧半径对刀尖处局部切削温度的影响较大,增大刀尖圆弧半径,有利于刀尖处局部切削温度的降低,进而提高刀具耐用度,而且增大刀尖圆弧半径还可提高刀具的强度。由于盘铣开槽加工过程中不仅会产生较高的铣削温度,刀片也会受到较强的冲击,为了提高刀具的强度,刀尖圆弧半径分别设计为 $R0.8$ mm 和 $R0.5$ mm。

具体的刀片形状如图 5-13 所示,刀片相关几何参数见表 5-6。根据图 5-14 的刀片装夹方式可知 ♯1 和 ♯2、♯3 盘铣刀的切削刃长度分别为 12.7 mm、15.875 mm 和 15.875 mm,以满足不同尺寸整体叶盘开槽加工的需要。

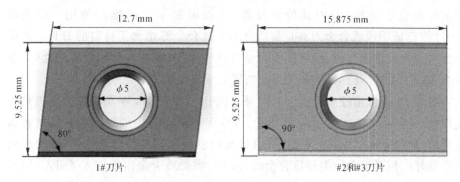

图 5-13　刀片结构及尺寸

表 5-6　刀片几何参数

序　号	♯1	♯2	♯3
刀片型号	CN323	LNE323	LNE323
长/mm	12.7	15.875	15.875
宽/mm	9.525	9.525	9.525
厚度/mm	4.76	4.76	4.76
夹角/(°)	80	90	90
前角/(°)	6	6	6
后角/(°)	12	12	12
刃倾角/(°)	0	0	0
刀尖圆弧半径/mm	$R0.8$	$R0.5$	$R0.5$
压紧螺孔直径/mm	$\phi5$	$\phi5$	$\phi5$

5.4.4　刀片材料

　　由于整体叶盘采用钛合金和高温合金锻造而成,属于难加工材料,刀具材料的选择对刀具的耐用度、加工效率和加工质量起到至关重要的作用。目前市场上出现的刀具材料有高速钢、硬质合金、陶瓷、金刚石和立方氮化硼等。通常,高速钢刀具由于红硬性差,热导率低和硬度低等特点不适合加工钛合金材料和高温合金;陶瓷刀具导热性差、对 Ti 的化学活性高、断裂韧性小等特点几乎不能用于钛合金和高温合金加工;金刚石则热稳定性较低,当切削温度超过 800℃时完全失去其硬度,也不适用钛合金和高温合金加工;立方氮化硼虽然具有较高的热稳定性和化学惰性,但因其价格昂贵,从而限制了它的推广使用。相关研究[11, 121]已证明硬质合金刀具是最适合加工钛合金等难加工材料的刀具。硬质合金中含有大量碳化物,因此硬质合金刀具硬度高、耐热性和化学稳定性好,在钛合金加工中被广泛采用,相关方面的研究成果也较多[199-200]。

表 5-5 为常用硬质合金刀具牌号及成分[206],由于 YW 类硬质合金刀具的应用越来越少,本次实验中不做考虑。YG 类硬质合金中的硬质相和黏结相高度分散,增加了黏结面积,故能在较高硬度时获得很高的抗弯强度,其硬度和耐磨性良好。相对于 YG 类硬质合金而言,YT 类硬质合金由于加入了 TiC,同时 Co 的含量减低,其硬度、耐热性和耐磨性提高,且其抗黏结、抗扩散及抗氧化能力提高,在切削过程中,刀具磨损小,耐用度高。所以在此次盘铣刀设计中选用 YT 类硬质合金作为刀具材料,由于黏结剂 Co 含量的提高可以提高刀具强度和韧性,故最终选择 YT15 作为盘铣刀刀具材料。

表 5-5 常用硬质合金刀具牌号及成分

ISO 标准	国内标准	成份组成	常用牌号	备注
P	YG 类	WC+Co	YG3X、YG6X、YG6、YG8、YG10H	Co 为黏合剂,牌号中的数字代表 Co 的含量
K	YT 类	WC+Co+TiC	YT5、YT14、YT15、YT30	
M	YW 类	WC+Co+TiC+TaC	YW1、YW2	

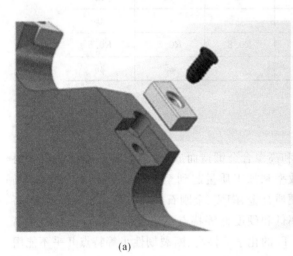

(a)   (b)

图 5-14 盘铣刀片装夹示意图

(a) #1 盘铣刀; (b) #2 和 #3 盘铣刀

5.4.5　刀片装夹方式

刀片的装夹方式对刀片的精度和被加工表面质量有着重要的影响。对于盘铣刀来说,圆周面上及端面上均分布着切削刃,这就要求刀片在径向和轴向方向的跳动尽可能小些,所以刀片的装夹精度一定要高,达到刀具的夹紧无间隙性;由于盘铣刀的直径较大,故质量较大,所以刀片与刀体之间的夹紧力需要足够大才能克服切削过程中刀片受到的离心力作用。

可转位盘铣刀装夹在刀槽中采用的是三点定位原理[196],刀片与刀槽底面接触(实际上是六点定位原理的简称),此种定位方法不仅可以减少刀片的定位误差,还可消除或减小由于刀片几何形状误差而引起的定位误差。可转位铣刀的夹紧结构主要有以下几种[201]:楔块夹紧、拉杆楔块夹紧、弹簧楔块夹紧、压板夹紧、螺钉夹紧、压紧销夹紧、弹性壁夹紧,如图 5 - 15 所示。

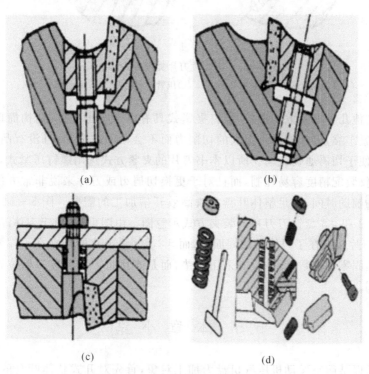

(a)　　　　　　　　　　　(b)

(c)　　　　　　　　　　　(d)

图 5 - 15　可转位刀片夹紧方式与结构
(a)楔块前压式;　(b)楔块后压式;　(c)杠杆楔块式;　(d)弹簧楔块式;

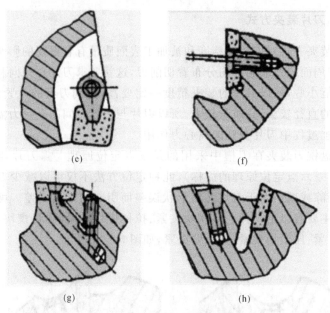

续图 5-15 可转位刀片夹紧方式与结构

(e)压板夹紧式； (f)螺钉夹紧式； (g)压紧销夹紧式； (h)弹性壁夹紧式

与其他几种夹紧方式比较,螺钉夹紧式具有以下突出优点:结构简单,制造方便,夹紧牢靠,刀片能承受很大的切削力而不会松动或窜动,且没有凸出的压紧元件,便于切屑通畅流动。所以本书刀片的夹紧方式选用螺钉压紧式,由于元件少,不仅装配精度容易控制,而且对于更换切屑刃或刀片来说非常方便,能节省大量的辅助时间,满足整体叶盘盘铣高效开槽加工的需要。图 5-14 为所设计 ♯1、♯2 和 ♯3 盘铣刀刀片的装夹方式示意图。由图可知,由于刀体厚度的限制,♯1 刀片装夹在了刀体的圆周面上,而 ♯2 和 ♯3 刀片则装夹在了端面上,为了减少紧固零件的数量,并没有采用刀垫,而是直接将刀片装在刀槽位置,依靠螺钉紧固。

5.5　本章小结

本章以某航空发动机压气机盘为加工对象,首先对开式整体叶盘的通道特征进行分析并对盘铣的可加工区域进行规划,在此基础之上对盘铣刀的结构(几何尺寸、刀具齿数、容屑槽尺寸、刀体材料选用)进行优化设计,选用刀片形状和材料,确定刀具几何角度、盘铣刀与主轴头的装夹结构和刀片的夹紧方式。

第6章 试验验证

6.1 引　言

　　结构优化后的盘铣刀切削性能的优劣以及整体叶盘盘铣开槽加工效率的高低,必须通过实验来验证。本章利用第5章结构优化后的盘铣刀,以某航空发动机2级压气机盘为加工对象,以整体叶盘高效强力复合数控铣削机床为实验平台,验证整体叶盘盘铣开槽加工的可行性和高效性,并研究盘铣刀寿命及磨损情况,为进一步盘铣工艺参数优化和刀具结构优化提供良好的实验基础。

6.2　试验方案及条件

6.2.1　材料

　　X型航空发动机二级压气机盘毛坯,钛合金 TC17,锻造件,毛坯尺寸 ϕ640 mm×35 mm,如图 6-1 所示,其化学成分及力学性能分别见表 6-1 和表6-2。

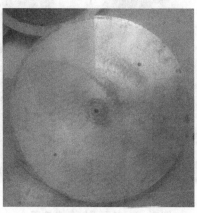

图 6-1　整体叶盘毛坯件

表 6 - 1　TC17 钛合金化学成分

化学元素 化学成分/(%)	主要成分					杂质,不大于				余量	
	Al	Zr	Sn	Mo	Cr	Fe	C	N	H	O	Ti
	4.5～5.5	1.5～2.5	1.5～2.5	3.5～4.5	3.5～4.5	0.25	0.05	0.05	0.012	0.08～0.13	—

表 6 - 2　TC17 钛合金力学性能(常温)

合金牌号	状态	σ_b/MPa	$\sigma_{r0.2}$/MPa	δ/(%)	ψ/(%)
TC17	固溶时效	1 180	1 110	10	17.5

6.2.2　刀具

在本次试验中选用的毛坯为某航空发动机二级压气机盘,所以根据 5.3.2 节 2 级压气机盘的通道特征及表 5-3,应选用♯1 盘铣刀,如图 6-2 所示。刀具是由株洲钻石切削刀具股份有限公司生产制造的可转位式错齿三面刃盘铣刀。盘铣刀的几何参数见表 6-3。刀片材料为 YT15,为常用钨钴钛类硬质合金刀具,其成分组成及性能见表 6-4,因其含有 TiC 成分,故其高温抗氧化性好,适用于钛合金的切削加工。

(a)　　　　　　　　　　(b)　　　　　　(c)

图 6-2　三面刃错齿盘铣刀

(a)刀具整体图;　(b)刀片安装图;　(c)刀片图

表 6 - 3　盘铣刀几何参数

刀具直径 mm	齿数	刀具厚度 mm	刀体	刀片材料	前角	后角	刀尖圆弧半径 mm	有无涂层
420	24	15	42CrMo	SC30(YT15)	6°	12°	0.8	有

表 6 - 4　YT15 刀具成份及性能

合金牌号	质量分数 %			晶粒大小 μm	密度 g·cm⁻²	抗弯强度不低于 N·cm⁻²	硬度不低于(HRA)
	WC	Co	TiC				
YT15	79	6	15	2~3	11.0~11.7	1 150	91

6.2.3　加工条件

由于本研究中的"整体叶盘高效强力复合数控铣床"已安装调试完毕,为了验证整体叶盘盘铣开槽加工的可行性,故选用整体叶盘高效强力复合数控铣床作为铣削平台,如图 6 - 3 所示。铣削方式为顺铣,采用乳化液作为冷却液。经过反复试切试验,考虑机床性能和刀具振动的承受能力,选取铣削参数 $n = 50\ \text{r/min}$, $f_z = 0.2\ \text{mm/min}$;根据 2 级压气机盘通道特征将盘铣主轴头旋转角度设置为 $-50°$。

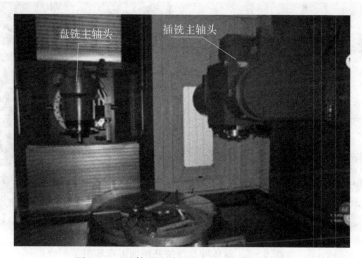

图 6 - 3　整体叶盘高效强力复合数控铣床

6.2.4　加工前的准备工作

利用 UG 软件的切削仿真功能,建立 X 型航空发动机 2 级压气机盘和盘铣刀的三维模型,进行盘铣开槽加工仿真,然后将生成的加工程序进行后置处理,用于数控加工。图 6-4 所示为整体叶盘盘铣开槽加工示意图,图 6-5 所示为整体叶盘盘铣开槽加工现场图,图 6-6 所示为盘铣开槽数控加工程序。

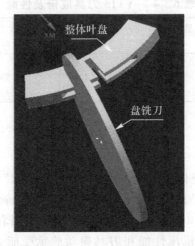

图 6-4　整体叶盘盘铣开槽加工示意图

图 6-5　整体叶盘盘铣开槽加工现场图

```
ONC210 - 记事本
文件(F)  编辑(E)  格式(O)  查看(V)  帮助(H)
;$PATH=/_N_WKS_DIR/_N_YOURWORKPIECE_WPD
;OPERATION:TEST21
#1=250.35
#2=22.5
#3=#1+#2
#4=1
F3000
G54 G91 Z1=0 G01  G43 H1
G90
S1=50M03
G10 L2 P0 X=-0.8078*[#3] Y=0 Z1=-0.4105*[#3] C=[#4]*360/57
N56 F8000.000
N57 G1 X37.767Y548.702Z1=200 B1=-50 C6.418
N57 G1 X37.767Y548.702Z1=0.000 C6.418
N58 F5000.000
N59 G1X37.767Y539.424
N60 F50.000
N61X37.767Y534.674
N62X37.768Y528.475Z1=0.000
N63X37.767Y522.276Z1=0.000
N64X37.768Y516.078Z1=0.000
N65X37.767Y509.879Z1=0.000
N66X37.768Y503.680Z1=0.000
N67Y491.283
N68X37.767Y485.084Z1=0.000
N69X37.768Y478.885Z1=0.000
N70X37.767Y472.687Z1=0.000
N71X36.998Y472.927Z1=-1.054
N72X34.501Y473.683Z1=-4.476
N73X32.171Y474.359Z1=-7.668
N74X30.644Y474.785Z1=-9.761
N75X29.165Y475.183Z1=-11.787
N76X26.349Y475.900Z1=-15.646
N77X25.001Y476.226Z1=-17.494
N78X21.275Y477.072Z1=-22.599
N79X19.028Y477.550Z1=-25.679
N80X16.967Y477.971Z1=-28.503
N81X12.442Y478.857Z1=-34.703
N82X9.508Y479.406Z1=-38.725
N83X7.545Y479.760Z1=-41.414
N84X5.590Y480.101Z1=-44.093
N85X2.343Y480.642Z1=-48.542
N86 F800.000
N87X2.343Y482.642
N88 F8200.000
N89X2.343Y549.995
Z1=200 F5000
G10 L2 P0 X0 Y0 Z1=0 C0
N97
M30
```

图 6 - 6   盘铣开槽加工数控加工程序

6.2.5 试验方法

盘铣刀采用的是错齿结构,且盘铣刀的安装方式是悬伸式的非对称结构,如图 6 - 7 所示。在铣削过程中,铣削力大,切削过程不平稳,造成左右齿受力不同,进而可能会引起左右齿磨损行为的差异,所以研究左边和右边刀片的磨损行为对优化刀具结构将有重要意义,左边刀片和右边刀片的规定如图 6 - 7 所示。

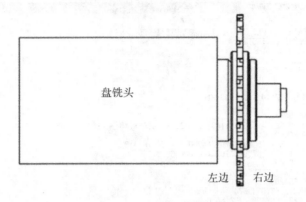

图 6-7　盘铣刀左右刀片的规定

　　理论上试验方法应该是每铣削一个槽,分别选取左边和右边磨损最为严重的刀片,通过表面质量测量仪 IFM－G4 进行后刀面平均磨损量 V_B 值的测量(取三次测量的平均值作为试验结果),测量完毕后再把刀片装回去,继续切削下一个槽,然后再次取下这两枚刀片进行测量,如此反复,当刀片后刀面磨损量达到 0.3 mm 时,认为切削失效,停止试验(此方法只适用于理论上刀具寿命研究,在实际铣削过程中,由于刀片数量过多,当刀片出现大的崩刃或裂纹,或刀片中有超过 5 个以上后刀面磨损量达到 0.3 mm 时,才认为刀片失效,需要进行刀片换新工作)。

　　在实际操作过程中,因加工设备和测量设备不在一个场地,且表面质量测量仪 IFM－G4 价格昂贵,质量大,无法搬运,造成对刀片的磨损实时测量困难,所以设计了操作性更强的试验方案:每加工一个槽,取下左右两边后刀面磨损最严重的刀片进行测量,同时在取刀片位置装上两枚新刀片,并检查整个刀盘的其他刀片是否失效,失效则换上新刀片;然后进行第二个槽的加工,再次取下左右两边后刀面磨损最严重的刀片进行测量,同时在取刀片位置装上两枚新刀片;重复以上步骤,直到取下的刀片后刀面磨损值达到 0.3 mm,停止试验。将每次取下的左右刀片进行编号,理论上认为最开始取下的两枚刀片只参与了一个槽的开槽加工,第二次取下的刀片则参与了 2 个槽的加工,依次类推,最后取下的刀片则参与全程切削,如果不考虑随机误差,这个试验方案得到的结果与理论试验方法是一致的。

6.3　试验结果分析

6.3.1　盘铣开槽可行性分析

铣削过程中发现机床和刀具有明显的振动,随着进给速度和主轴转速的提高,振动加剧,但振动幅度在设计可接受范围内。对盘铣过后的通道尺寸进行测量,证明盘铣刀能最大限度地切除整体叶盘通道加工余量而不发生干涉,并为后续工序的切削留有一定的加工余量。图 6-8 为盘铣开槽后的工件。由图 6-8 可知,采用三面刃盘铣刀进行整体叶盘开槽粗加工的方案切实可行。

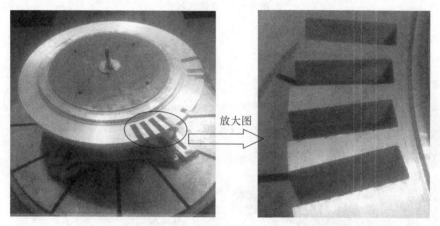

放大图

图 6-8　盘铣开槽后的工件

6.3.2　盘铣开槽效率分析

为简化计算过程,将试验中盘铣所切除的材料体积近似看作平行四方体,如图 6-9 所示,经计算体积约为 40 200 mm³,所用时间约为 2.65 min。为对比盘铣插铣的效率,采用直径为 $\phi 12$ mm 的插铣刀进行同一体积的插铣时间计算,插铣的步距设为 1/4D(D 为铣刀直径),行距设为 2/3D,参数设置见表 6-5,插铣示意图如图 6-10 所示。

表 6-5　插铣参数设置

刀具直径 mm	齿数	行距 mm	步距 mm	切削深度 mm	主轴转速 r·min⁻¹	进给速度 mm·min⁻¹
$\phi 12$	4	8	3	33.5	1000	80

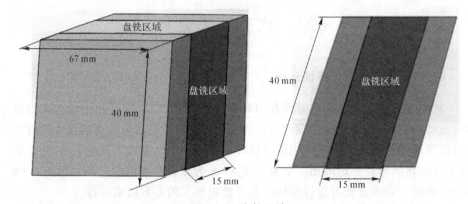

图 6-9　盘铣区域

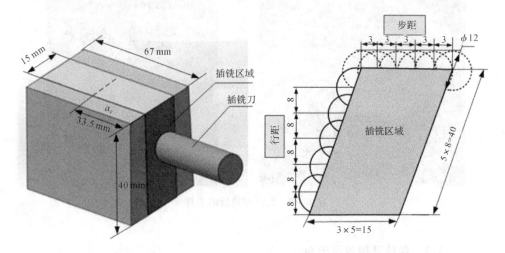

图 6-10　插铣示意图

经计算插铣横截面积为 22.1 mm²,材料去除率为 36.8 mm³/s。插铣切削时间可由下式计算。

$$切削时间=\frac{切除材料体积}{材料去除率\div 60} \qquad (6-1)$$

代入数值得

$$切削时间=\frac{40\ 200}{36.8\div 60}\ \text{min}=18.2\ \text{min}$$

由此得出插铣时间为 18.2 min,并绘制盘铣和插铣加工效率对比柱状图如图 6-11 所示。由图 6-11 可知,盘铣开槽的加工效率是插铣的 6.86 倍。由此可知,对于整体叶盘开槽加工,盘铣在提高加工效率方面具有绝对的优势。

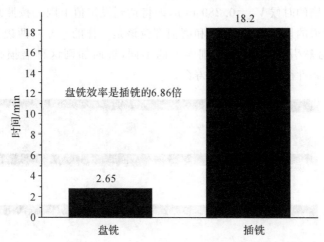

图 6 - 11　盘铣/插铣加工效率对比图

6.3.3　刀具磨损及寿命分析

由于本次试验是"整体叶盘高效强力复合数控铣削机床"在安装调试后的首次刀具磨损试验,旨在观察刀具结构的合理性及切削能力,所以本次试验只研究其磨损情况,而对相应的磨损机理并没有涉及,关于刀具磨损机理等方面的研究将通过后续的试验研究实现。

图 6 - 12 和图 6 - 13 分别为试验后观察和测量到的左右刀片后刀面磨损图。由图 6 - 12 和图 6 - 13 的后刀面磨损量可以绘制左右刀片后刀面磨损对比图,如图 6 - 14 所示。由图 6 - 12 和图 6 - 13 可以看出,无论是左边刀片还是右边刀片都发生了后刀面磨损。由图 6 - 14 可知切削第 1 个槽和第 2 个槽时属于刀片的初期磨损阶段,后刀面磨损量快速增长;切削第 3 个槽~第 11 个槽时后刀面磨损量增长缓慢,属于刀片的正常磨损阶段;在经历了 11 个槽的切削量后,刀片进入急剧磨损阶段,随着切削的进行,磨损量加剧,刀片逐渐失去切削能力,刀片的寿命大约是 10~11 个槽的切削量。

X 型航空发动机二级压气机盘共有 57 个通道,每个可转位刀片一共可更换 4 次切削刃重复使用,每个切削刃可以切削 11 个通道,通过计算可知,可转位刀片的使用寿命为 44 个通道的切除量,占总通道数的 77%,基本达到设计要求,实现了提高整体叶盘开槽加工效率的目的。

由图 6 - 12~图 6 - 14 反映出来的另外一个重要信息是,在刀具磨损的每一个阶段,右边刀片的磨损量都明显大于左边刀片的磨损量。左边刀片在切削到第 11 个槽的时候 $V_B=0.298$ mm，达到设定值上限（0.3 mm），而右边刀片在切削到第 10 个槽的时候 $V_B=0.289$ mm，即将达到设定值上限。按照理想的加工条件，两边刀刃的切削力、切削量和磨损都应该是一样的。左右两边刀片磨损行为的差异性必然引起切削力、切削温度的不同，进而加剧这种磨损行为的差异性，最终陷入恶性循环，降低刀片寿命。

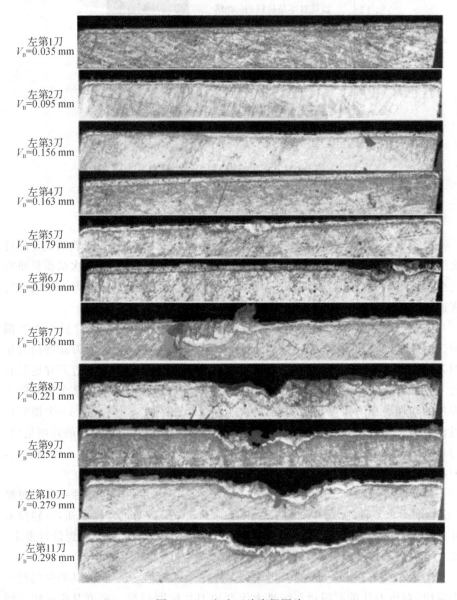

左第1刀
$V_B=0.035$ mm

左第2刀
$V_B=0.095$ mm

左第3刀
$V_B=0.156$ mm

左第4刀
$V_B=0.163$ mm

左第5刀
$V_B=0.179$ mm

左第6刀
$V_B=0.190$ mm

左第7刀
$V_B=0.196$ mm

左第8刀
$V_B=0.221$ mm

左第9刀
$V_B=0.252$ mm

左第10刀
$V_B=0.279$ mm

左第11刀
$V_B=0.298$ mm

图 6-12　左边刀片磨损图片

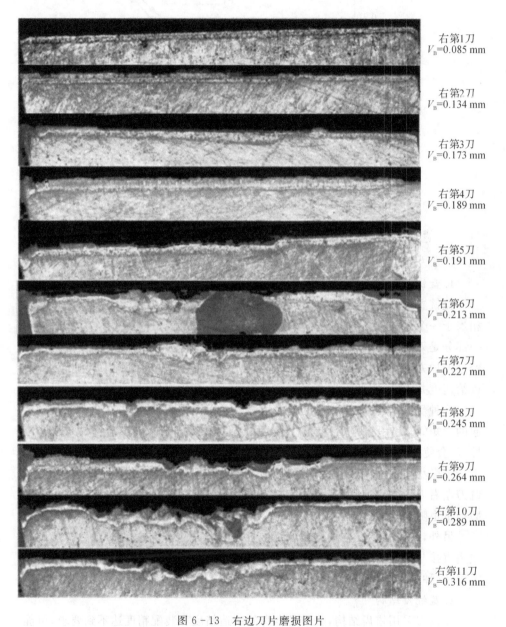

右第1刀
V_B=0.085 mm

右第2刀
V_B=0.134 mm

右第3刀
V_B=0.173 mm

右第4刀
V_B=0.189 mm

右第5刀
V_B=0.191 mm

右第6刀
V_B=0.213 mm

右第7刀
V_B=0.227 mm

右第8刀
V_B=0.245 mm

右第9刀
V_B=0.264 mm

右第10刀
V_B=0.289 mm

右第11刀
V_B=0.316 mm

图 6 - 13　右边刀片磨损图片

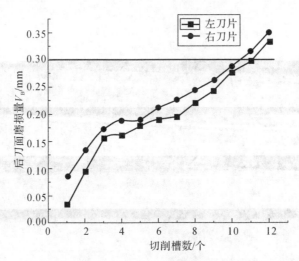

图 6-14　左右刀片后刀面磨损对比图

造成左右刀片磨损行为出现差异性的原因有以下两方面。

1. 盘铣主轴头结构

盘铣主轴头采用悬伸式非对称结构,导致整个盘铣头在受力结构上实际上相当于一个悬臂梁。如图 6-15 所示,盘铣铣削时盘铣刀的主要受力为两部分,一部分是刀齿所受的铣削力 F_1,另一部分则是工件进给时,上一个刀齿刚走刀经过的地方,会直接与盘铣刀刀齿的非切削部分接触,由于盘铣刀转速较低,而进给速度并不低,因此工件会对盘铣刀形成一个挤压作用,这个挤压力就是 F_2。

这种受力结构下,盘铣头的受力情况就可以简化为:铣削力在盘铣头主轴引起的力矩 M,另一个是 F_1 和 F_2 的合力 F(见图 6-16)。由于盘铣头结构非刚性,F 会使得盘铣头产生一个微小形变,这个微小形变反映到盘铣刀上,就会产生一个微小角度的偏转,盘铣刀刀盘的半径比较大,将这个微小角度放大后,盘铣刀左右刀面的切削状态就会发生改变,进而导致切削振动的加剧,左右刀面的磨损量也随之受到影响。

另外,刀盘的装夹方式也会导致这种左右刀片磨损不一致的行为。盘铣刀左边直接与法兰盘定位,夹紧较为可靠,右边则是由压紧块锁紧,不如左边装夹牢固,这种结构会导致振动时振幅偏向右边。

2. 盘铣刀结构

盘铣刀采用错齿结构,若刀具本身的制造精度和装配精度达不到要求,可能造成左右刀片的安装误差,由此引起切削时受力不同,进而影响了磨损行为的差异性,但关于此方面的数值还没有精确测量,在此次研究中只将其作为可能因素纳入考虑范围,将在后续的刀具结构优化研究中进行详细的测量分析,以期为该问题找到合理的答案。

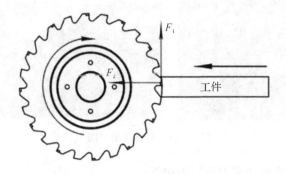

图 6 - 15　盘铣刀受力图

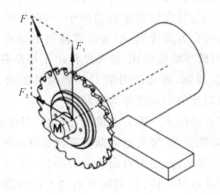

图 6 - 16　盘铣刀受力简化图

6.3.4　刀具破损形貌分析

1.微崩刃

利用表面质量分析仪,在 500 倍的放大倍数下观察切削刃崩刃现象。在试验中发现,在刀具的初期和正常磨损阶段并没有出现明显的崩刃现象,在切削到第 10 个或第 11 个槽时切削刃上出现 1～2 处微小崩刃,且左右刀片崩刃现象同样具有差异性,即微崩刃大部分发生在右侧刀片上。发生微崩刃的刀片数量占总数的 10% 左右,其发生位置具有随机性,说明盘铣刀采用双键槽结构后,键槽位置将不再对微崩刃产生显著影响。图 6 - 17 为刀片的微崩刃图。

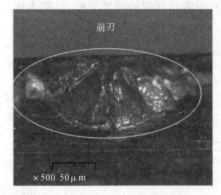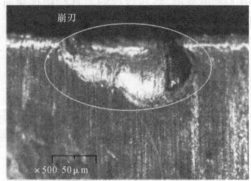

图 6 - 17　刀具微崩刃图

造成盘铣刀出现微崩刃的原因如下：

（1）本次试验中采用的盘铣刀为错齿结构，错齿盘铣刀可以减小切削力，加工一定宽度槽的时候，错齿盘铣刀每个齿的切宽实际上不等于槽宽，而是比槽宽小，这样一来，切宽减小了，每齿切削量也会减小，从而降低了切削力，减小了机床负荷。同时，错齿结构也方便排屑，不会造成排屑不畅或者爆刀，对刀具有一定的保护作用。但是与蹄形结构相比，错齿结构由于是左右刀齿交替切削，本身就成了一个非常大的振动源，而盘铣刀的刀具磨损对振动又是十分敏感的，因此，这种结构实际上对刀片的耐用度非常不利。

（2）盘铣刀使用了可转位式三面刃盘铣刀，刀片与刀体通过螺钉连接。由于螺钉装配本身存在间隙和误差，装夹稳固的可靠性也存在问题，因此在铣削加工中也是一个非常大的振动来源，是刀具出现崩刃的另一个重要因素。

（3）刀片形状为标准菱形结构，后刀面与被加工件的接触面积很大，摩擦非常剧烈，给刀具的磨损带来了很大的影响。根据项目进度安排，后续试验会采用新的刀盘和刀片来改善或避免崩刃的发生。

2. 裂纹

利用表面质量分析仪，在 500 倍的放大倍数下观察到的刀片裂纹图片如图 6 - 18 所示。观察发现刀片后刀面上出现了垂直于切削刃的热裂纹和平行于切削刃的机械裂纹。

盘铣刀直径较大（ϕ420 mm），在刀具切入和切出工件时将产生强烈的机械冲击，同时刀具和工件接触面上将产生较高的温度，因盘铣是断续切削，刀具不断循环，承受高频的机械冲击和热冲击，切削刃不断承受交变的机械应力和热应力，当应力达到刀具材料的疲劳极限时便产生了裂纹。

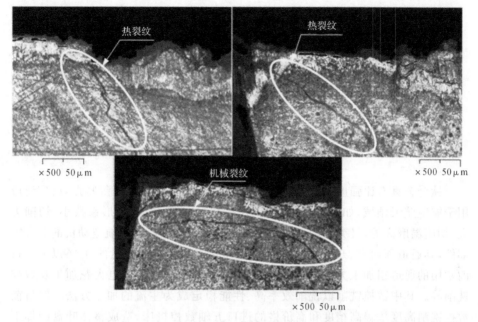

图 6-18 刀具裂纹

6.4 本章小结

以整体叶盘高效强力复合数控铣削机床为试验平台,采用结构优化后的盘铣刀进行 X 型航空发动机 2 级压气盘开槽加工试验。试验结果表明:将盘铣应用于整体叶盘开槽加工切实可行,且能大幅度提高整体叶盘的加工效率,盘铣开槽效率约是插铣的 6.86 倍;通过对刀具寿命的研究发现,所设计可转位盘铣刀在寿命周期内可完成 X 型航空发动机 2 级压气盘 77% 的通道切除量,满足设计要求。通过对刀具磨损的研究发现左右刀片磨损行为存在差异性,右边刀片普遍比左边刀片磨损严重,且易出现微崩刃现象,但双键槽结构有效抑制了局部崩刃的产生,另外在切削刃处出现了机械裂纹和热裂纹。在后续的研究中应继续对盘铣刀结构进行优化,以克服盘铣刀悬伸式装夹结构带来的磨损行为差异,从而提高刀具寿命。

第7章 结论与展望

7.1 研 究 结 论

钛合金具有比强度高、热强度高、抗腐蚀性好、高温性能好等特点,已广泛应用于航空航天领域,如用作整体叶盘、压气机叶片等,但其变形系数小、切削力大、切削温度高等,又为切削加工带来一定困难。整体叶盘是航空动机的关键零部件,其通道深而窄、开敞性差,通道粗加工余量占总加工余量的90%以上。目前常用的通道粗加工方法有线切割法、水射流法、电解加工、电火花加工及数控铣削等。其中数控铣削以铣削效率高、性能稳定成为主流的加工方法。但目前数控铣削高度依赖高精度和高价格的进口五轴数控机床,造成整体叶盘的加工成本居高不下,而且数控铣削利用细长的球头铣刀进行插铣和侧铣加工,导致整体叶盘加工周期长、效率低,且加工过程中刀具振动剧烈,易产生崩刃,耐用度降低。因此探索新工艺和相应设备来提高整体叶盘开槽加工的效率,对推动我国航空发动机产业的发展具有重要意义。

本书的研究内容源自国家科技重大专项"高档数控机床与基础制造装备"课题:航空发动机整体叶盘高效强力复合数控铣床开发及应用(项目编号:2013ZX04001081),本课题提出一种整体叶盘高效开槽粗加工的新思路和新方法:盘铣高效开槽粗加工。针对钛合金难加工材料的特性及盘铣开槽加工过程中铣削力大、铣削温度高、表面塑性变形明显、刀具磨损严重等问题开展了深入的研究,得到如下结论。

1. 盘铣开槽加工过程热力学特性

(1)盘铣开槽加工过程中产生了较大的铣削力和较高的铣削温度。

(2)随着主轴转速的增大,铣削力减小,随着进给速度和切削深度的增大,铣削力增大;铣削力 F_x 对切削深度的变化最为敏感,切削深度的变化对铣削力 F_x 的影响相对有限;铣削力 F_y 则对进给速度的变化最为敏感,其次是切削深度;对于铣削力 F_z 来说,主轴转速则变成了最敏感的因素。

(3)随着工艺参数的增大,铣削温度逐渐增大;主轴转速对铣削温度影响最明显,其次是进给速度,最后是切削深度。

(4)铣削力 F_x 最大，F_z 最小，铣削力 F_x 对变质层和刀具磨损起主导作用。

2. 盘铣开槽加工变质层

(1)在铣削表面中心处容易出现凹陷，微裂纹则易出现在铣削表面边缘处。

(2)铣削表面观察到严重的塑性变形区，晶粒在铣削力的作用下沿铣削方向发生拉伸变形，铣削力越大，塑性变形越严重，但并没有观察到相变的发生，机械负荷是造成微观组织变化的主要原因。

(3)由于热力耦合作用和氧化反应，铣削表面出现了明显的硬化层，使表层硬度增加。

(4)铣削表面和次表面均出现了残余压应力，残余压应力沿表面下深度方向逐渐减小为零；残余压应力随着主轴转速的增加而减小，随着切削深度和进给速度的增加而增加。

3. 盘铣开槽加工刀具磨损

(1)盘铣刀分别出现了剥落、崩刃、热裂纹、塑性变形等非正常磨损，而且崩刃和热裂纹多出现在键槽正上方所对应的切削刃处；主切削刃后刀面和副切削刃后刀面上均出现了均匀的磨损带，前刀面上并未发现月牙洼磨损，正常磨损是盘铣刀的主要磨损形式。

(2)盘铣刀的磨损机理有黏结磨损、氧化磨损和扩散磨损。

(3)主切削刃氧化磨损程度高于副切削刃，前刀面则比后刀面更容易被氧化。

(4)刀具元素和钛合金元素在高温下发生了扩散磨损，其中刀具元素 W 最容易扩散到钛合金材料里面，元素 C 和 Co 的扩散能力相对较弱，而钛合金元素 Ti 在扩散过程中则是最不活跃的元素。

(5)由盘铣刀寿命曲线可知其有效切削时间约为 48 min，仅可完成某航空发动机 5 级压气机盘 50% 左右的通道粗加工余量，所以刀具结构有待进一步优化，以提高刀具寿命。

4. 盘铣开槽加工工艺参数优化

以灰色系统理论为基础进行了盘铣开槽加工工艺参数优化研究，研究结果表明加权灰色关联分析法相比于等权灰色关联分析法而言，在盘铣开槽加工工艺参数优化方面更加可靠有效，可推广到其他相关领域。

5. 盘铣刀具结构优化设计及试验验证

以盘铣开槽加工刀具磨损研究结果为基础，选取 X 型航空发动机 1~6 级压气机盘为加工对象，对盘铣刀的结构进行了优化设计，并在整体叶盘高效强力复合铣削机床上进行了试验验证，得到如下结果：

(1)盘铣应用于整体叶盘开槽加工切实可行，且能大幅度提高整体叶盘的加工效率,盘铣开槽加工的效率约是插铣的 6.86 倍。

(2)通过对刀具寿命的研究发现,结构优化后的可转位盘铣刀在寿命周期内可完成 X 型航空发动机 2 级压气盘 77% 的通道切除量,满足设计要求。

(3)通过对刀具磨损的研究发现左右刀片磨损行为存在差异性,右边刀片普遍比左边刀片磨损严重,且易出现微崩刃和裂纹现象,但双键槽结构有效抑制了局部崩刃和裂纹的产生。

7.2 展　　望

由于本书研究中所依托的平台为 XH716 立式加工中心,选用的盘铣刀也并非整体叶盘盘铣开槽加工的专用刀具,所以只能选择相应的铣削参数,模拟整体叶盘盘铣开槽的加工环境进行研究,相应的研究结果只能对真正意义上的整体叶盘盘铣开槽加工起到指导及借鉴作用。目前,航空发动机整体叶盘高效强力复合数控铣床已安装调试完毕,结构优化后的盘铣刀也已经配套到位,展望未来,将进行真正意义上的整体叶盘盘铣高效开槽加工方面的研究,拟进行的研究包括以下几个方面。

1. 刀具磨损及刀具结构优化

盘铣刀的结构及性能对盘铣开槽加工的效率起着至关重要的作用,所以研究盘铣刀的磨损机理将具有重要意义,并为刀具结构优化提供实验基础,进行的主要研究包括:

(1)对比不同类型切削液条件下的刀具寿命,并观察其破损形貌,分析磨损机理;

(2)对比不同涂层材料盘铣刀的刀具寿命,并观察其破损形貌,分析磨损机理;

(3)进行铣削参数对刀具寿命影响规律的研究;

(4)对比不同刀具直径对刀具寿命的影响,并观察其破损形貌,分析磨损机理;

(5)对比不同工件材料对刀具寿命的影响,并观察其破损形貌,分析磨损机理;

(6)在以上对比实验的基础上,对刀具结构、刀具角度进行优化设计。

2. 切屑形态

切屑是工件材料受到前刀面挤压,发生变形而被撕裂的过程。整体叶盘盘铣开槽加工过程中产生的铣削力、铣削温度、刀具磨损、振动等物理现象都和金属的变形规律有关。影响切屑的因素主要有工件材料、刀具材料、刀具几何形状、切削参数、刀具齿数、刀具磨损等,因此分析盘铣开槽加工过程中切屑的微观和宏观形态,研究其形成机理,对优化盘铣开槽工艺、提高加工质量具有重要意义,拟研究的内容如下:

(1)研究不同切削参数对切屑形态的影响;

(2)研究不同工件材料对切屑形态的影响;

(3)研究刀具磨损对切屑形态的影响;

(4)研究不同刀具(直径、齿数)对切屑形态的影响。

3. 工艺参数优化

由于本书研究内容中的工艺参数只是用于模拟整体叶盘盘铣开槽加工的工况,所以指导实践生产的意义不够显著。展望未来,将设计整体叶盘盘铣开槽加工实验,进行真正意义上的整体叶盘盘铣开槽工艺参数优化研究,以铣削力、铣削温度、铣削振动、刀具寿命、振动加速度、材料去除率等为优化目标,以期找到最优的工艺参数组合,获得最优的铣削效果。

附录　盘铣刀机械结构图

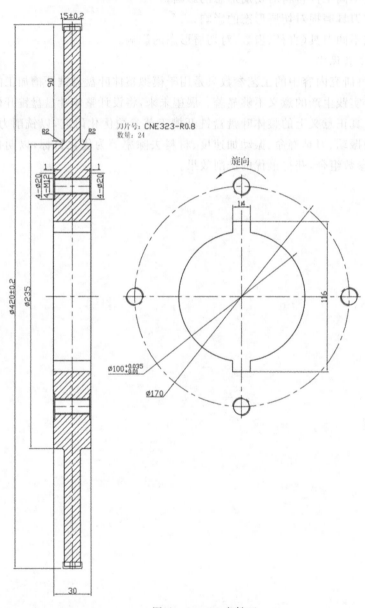

刀片号：CNE323-R0.8
数量：24

图 A-1　#1 盘铣刀

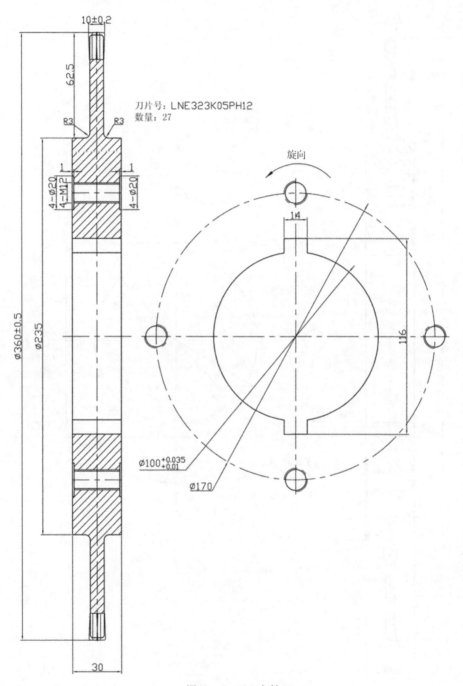

刀片号：LNE323K05PH12
数量：27

图 A-2　♯2 盘铣刀

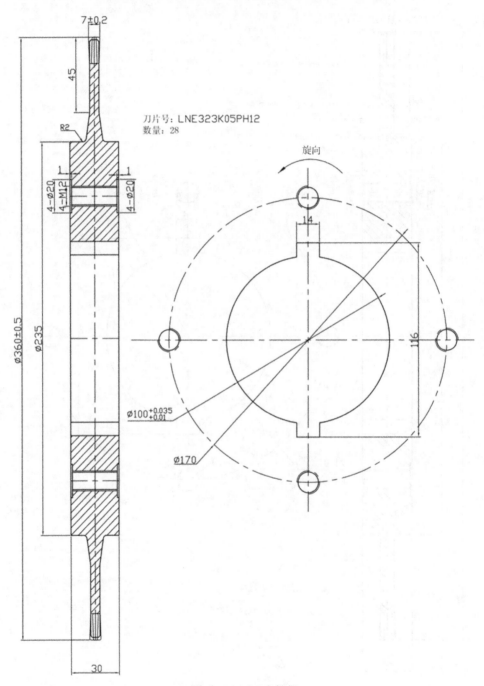

刀片号: LNE323K05PH12
数量: 28

图 A-3 #3 盘铣刀

参 考 文 献

[1] CHEN H C, LIN J C, YANG Y K, et al. Optimization of wire electrical discharge machining for pure tungsten using a neural network integrated simulated annealing approach[J]. Expert Systems with Applications, 2010, 37(10): 7147 - 7153.

[2] PATEL K J. Quantitative evaluation of abrasive contamination in ductile material during abrasive water jet machining and minising with a nozzle head oscillation technique[J]. International Journal of Machine tools & Manufacture, 2004, 44(10): 1125 - 1132.

[3] BOVATSEK J, TAMHANKAR R S, PATEL N M, et al. Thin film removal mechanisms in ns - laser processing of photovoltaic materials [J]. Thin Solid Films, 2010, 518(10): 2897 - 2904.

[4] FAN Z W, HOURNG L W, WANG C Y. Fabrication of tungsten microelectrodes using pulsed electrochemical machining[J]. Precision Engineering, 2010, 34(3): 489 - 496.

[5] BAMBERG E, RAKWAL D. Experimental investigation of wire electrical discharge machining of gallium - doped germanium[J]. Journal of Materils Processing Technology, 2008, 197(1 - 3): 419 - 427.

[6] ZHU L M, ZHENG G, DING H, et al. Global optimization of tool path for five - axis flank milling with a conical cutter[J]. Computer - Aided Design, 2010, 42(10): 903 - 910.

[7] JEONG H K, YUSUF A. Time domain model of plunge milling operation[J]. International Journal of Machine Tools and Manufacture, 2007, 47(9): 1351 - 1361.

[8] ZHAO P B, SHI Y Y. Adaptive sliding mode control of the A - axis used for blisk manufacturing [J]. Chinese Journal of Aeronautics, 2014, 27(3): 708 - 715.

[9] ZHAO P B, SHI Y Y. Robust control of the A - axis with friction variation and parameters uncertainty in five - axis CNC machine tools [J]. Proceeding of the Institution of Mechanical Engineers, Part C:

Journal of Mechanical Engineering Science，2014，228(14)：2545－2556.

[10] REY P A，LEDREF J，SENATORE J，et al. Modeling of cutting force in orbital drilling of titanium alloy Ti6Al4V[J]. International Journal of Machine Tools and Manufacture，2016，106：75－88.

[11] 李友生. 硬质合金刀具与 Ti－6Al－4V 钛合金的化学性能匹配研究[D]. 济南：山东大学，2010.

[12] 刘鹏. 超硬刀具高速铣削钛合金的基础研究[D]. 南京：南京航空航天大学，2011.

[13] 钛及钛合金牌号和化学成分：GB/T 3620.1－2016[S].北京：中国标准出版社，2016.

[14] BOYER R R，BRIGGS R D. The use of β titanium alloy in the aerospace industry［J］. Journal of Materials Engineering and Performance，2013，22(10)：2916－2920.

[15] MUSZKA K，MADEJ L，WYNNE B P. Application of the digital material representation to strain localization prediction in the two phase titanium alloys for aerospace applicaton［J］. Archives of Civil and Mechanical Engineering，2016，16(4)：224－234.

[16] KHANNA N，DAVIM J P. Design－of－experiments application in machining titanium alloys for aerospace structural components［J］. Measurement，2015，61：280－290.

[17] JHA A K，SINGH S K，SWATHI K M，et al. Failure analysis of titanium alloy（Ti6Al4V）fastener used in aerospace application［J］. Engineering Failure Analysis，2010，17(6)：1457－1465.

[18] COTTON J D，BRIGGS R D，BOYER R R，et al. State of the art in beta titanium alloys for airframe applications［J］. JOM，2015，67(6)：1281－1303.

[19] 刘全明，张朝晖，刘世军，等. 钛合金在航空航天及武器装备领域的应用与发展[J]. 钢铁研究学报，2015，27(3)：1－4.

[20] 林翠，杜楠. 钛合金的选用与设计[M]. 北京：化学工业出版社，2014.

[21] NOUARI M，CALAMAZ M，HADDAG B，et al. Analysis of coating performances in machining titanium alloys for aerospace applications［J］. International Journal of Machining and Machinability of Materials：Special on Machining of Aerospace Materials，2013，13(2－3)：158－173.

[22] MIURA H. Direct laser forming of titanium alloy powders for medical and aerospace applications [J]. KONA Powder and Particle Journal, 2015(32):253 - 263.

[23] JIN H X, WEI K X, LI J M, et al. Research development of titanium alloy in aerospace industry [J]. Chinese Journal of Nonferrous Metals, 2015, 25(2):280 - 292.

[24] 刘鹏,徐九华,冯素玲,等. PCD 刀具高速铣削 TA15 钛合金切削力的研究[J]. 南京航空航天大学学报,2010,42(2):224 - 229.

[25] 杨振朝,张定华,姚倡锋,等. 钛合金插铣加工铣削力影响参数的灵敏度分析[J]. 航空学报,2009,30(9):1776 - 1781.

[26] 谭靓,张定华,姚昌锋,等. 刀具几何参数对钛合金铣削力和表面完整性的影响[J]. 中国机械工程,2015,26(6):737 - 742.

[27] 赵伟. 钛合金高速插铣动力学研究及铣削参数优化[D]. 天津:天津大学,2007.

[28] 贾昊. 钛合金插铣过程动力学及稳定性分析[D]. 天津:天津大学,2011.

[29] 易俊杰. 钛合金高速铣削力试验与有限元数值分析[D]. 南京:南京航空航天大学,2009.

[30] 张德强. 高速车削钛合金 Ti - 6Al - 4V 力热特性研究[D]. 哈尔滨:哈尔滨理工大学,2012.

[31] 王明海,李世永,郑耀辉. Ti - 6Al - 4V 的超声振动铣削加工三维有限元仿真[J]. 塑性工程学报,2013,20(5):130 - 135.

[32] 杨勇,李长河,孙杰. 钛合金 Ti - 6Al - 4V 铣削加工中切削力的三维数值模拟[J]. 应用基础与工程学学报,2010,18(3):493 - 502.

[33] LI G, QU D, FENG W W, et al. Modeling and experimental study on the force of micro - milling titanium alloy based on tool runout [J]. International Journals of Advanced Manufacturing Technology, 2016, 87(1 - 4):1193 - 1202.

[34] 王刚,万敏,刘虎,等. 粒子群优化模糊系统的铣削力建模方法 [J]. 机械工程学报,2011,47(13):123 - 130.

[35] CHEN Y, LI H Z, WANG J. Analytical modeling of cutting force in near - orthogonal cutting of titanium alloy Ti6Al4V [J]. Proceedings of the Institution of Mechanical Engineers, Part C: Journal of Mechanical Engineering Science, 2015, 229(6):1122 - 1133.

[36] POLINI W, TURCHETTA S. Cutting force, tool life and surface integrity in milling of titanium alloy Ti - 6Al - 4V with coated carbide tools [J]. Proceedings of the Institution of Mechanical Engineering Part B - Journal of Engineering Manufacture, 2016, 230(4): 694 - 700.

[37] PRATAP TEJ, DYAKONOV A A. Modeling cutting force in micro-milling of Ti - 6Al - 4V titanium alloy [J]. Procedia Engineering, 2015, 129: 134 - 139.

[38] SERBOI C, VELICU S, BISU C, et al. Experimental investigation of cutting forces at milling titanium alloys comparing to others hard alloys [J]. Applied Mechanics and Materials, 2013, 245: 191 - 196.

[39] TAMURA S, MATSUMURA T, ARRAZOLA P J. Cutting force prediction in drilling of titanium alloy [J]. Journal of Advanced Mechanical Design, Systems and Manufacturing, 2012, 6(6): 753 - 763.

[40] MATSUMURA T, TAMURA S. Force prediction in milling of titanium alloy [J]. ASME/ISCIE 2012 International Symposium on Flexible Automation, 2012: 525 - 531.

[41] VIJAYAN K, SADHAM S, SANGEETHA S, et al. Study on cutting forces and surface finish during end milling of titanium alloy [C]// ASME International Mechanical Engineering Congress and Exposition Proceedings (IMECE). zitoune. Redouane: ASME, 2014, 2A.

[42] STANLEY C, ULUTAN D, MEARS L. Prediction of tool wear based on cutting force when end milling titanium alloy Ti - 6Al - 4V [C]// ASME 2014 International Manufacturing Science and Engineering Conference. University of Michigan Manufacturing Engineering Division. 2014, 1.

[43] VAXEVANIDIS N M, FOUNTAS N A, KECHAGIAS J D, et al. Optimization of main cutting force and surface roughness in turning of Ti - 6Al - 4V titanium alloy using design of experiments and artificial neural networks [C]//1st International Conference on Engineering and Applied Sciences Optimization Proceedings, 2014, 6: 2889 - 2906.

[44] XIE J, LUO M J, WU K K, et al. Experimental study on cutting temperature and cutting force in dry turning of titanium alloy using a non-coated micro-grooved tool [J]. International Journal of Machine

tools and Manufacture, 2013, 73: 25 - 36.

[45] SUI S C, FENG P F, MOU W P. Temperature modeling analysis for milling of titanium alloy [J]. Key Engineering Materials, 2016, 693: 928 - 935.

[46] LIU J J, CHEN C, YANG Y F, et al. Experimental research of milling force and cutting temperature of TB2 titanium alloy in liquid nitrogen cooling [J]. Materials Science Forum, 2016, 836 - 837: 36 42.

[47] 李晓宇. 钛合金插铣过程切削区温度分布研究[D]. 天津: 天津大学, 2008.

[48] 苏宇. 新型低温 MQL 装置的研制与难加工材料低温高速切削机理研究 [D]. 南京: 南京航空航天大学, 2007.

[49] 徐杰. 钛合金大进给铣削工艺研究[D]. 南京: 南京航空航天大学, 2014.

[50] 苏林林. 钛合金 TC17 高速铣削研究[D]. 南京: 南京航空航天大学, 2012.

[51] 何志祥. 基于 Deform 的钛合金车削过程的切削温度的参数优化设计 [D]. 天津: 天津理工大学, 2014.

[52] 罗智. 微细铣削加工的热力耦合模拟及实验研究[D]. 哈尔滨: 哈尔滨工业大学, 2009.

[53] 王辉. 新绿色切削冷却润滑剂作用机理及其应用技术基础研究[D]. 哈尔滨: 哈尔滨工业大学, 2011.

[54] 王苏东. 医用钛合金切削过程有限元仿真与试验研究[D]. 南京: 南京理工大学, 2010.

[55] 颜伟霞. 钛合金插铣过程温度场的数学建模与有限元分析[D]. 天津: 天津大学, 2012.

[56] MAMEDOV A, LAZOGLU L. Thermal analysis of micro milling titanium alloy Ti - 6Al - 4V [J]. Journal of Materials Processing Technology, 2016, 229: 659 - 667.

[57] ISHII N, TANAKA R, KOJIMA Y, et al. Influence of the cutting fluid on tool edge temperature in end milling of titanium alloy [J]. Key Engineering Materials, 2015, 656/657: 296 - 301.

[58] KRISHNARAJ V, SAMSUDEENSADHAM S, SINDHUMATHI R, et al. A study on high speed end milling of titanium alloy [J]. Procedia Engineering, 2014, 97: 251 - 257.

[59] DANIEL S, PATXI A, AINHARA G, et al. Uncertainty of temperature measurements in dry orthogonal cutting of titanium alloys [J]. Infrared Physics & Technology, 2015, 71: 208 – 216.

[60] DAVID K A, ANDREW L M, WAI K C, et al. Cutting temperatures when ball nose end milling γ – TiAl intermetallic alloys [J]. CIRP Annals – Manufacturing Technology, 2013, 62(1): 75 – 78.

[61] ARMENDIA M, GARAY A, VILLAR A, et al. High bandwidth temperature measurement in interrupted cutting of difficult to machine materials [J]. CIRP Annals – Manufacturing Technology, 2010, 59 (1): 97 – 100.

[62] PITTALA G M, MONNO M. A new approach to the prediction of temperature of the workpiece of face milling operations of Ti – 6Al – 4V [J]. Applied Thermal Engineering, 2011, 31(2 – 3): 173 – 180.

[63] LE C G, MARINESCU M, DEVILLEZ A, et al. Measuring temperature of rotating cutting tools: Application to MQL drilling and dry milling of aerospace alloys [J]. Applied Thermal Engineering, 2012, 36(1): 434 – 441.

[64] SHOKRANI A, DHOKIA V, NEWMAN S T. Investigation of the effects of cryogenic machining on surface integrity in CNC end milling of Ti6Al4V titanium alloy [J]. Journal of Manufacturing Processes, 2016, 21: 172 – 179.

[65] MHAMDI M B, BOUJELBENE M, BAYRAKTAR E, et al. Surface integrity of titanium alloy Ti – 6Al – 4V in ball end milling [J]. Physics Procedia, 2012, 25: 355 – 362.

[66] VERMESSE E, MABRU C, ARURAULT L. Surface integrity after pickling and anodization of Ti6Al4V titanium alloy [J]. Applied Surface Science, 2013, 285: 629 – 637.

[67] TANG J, LUO H Y, ZHANG Y B. Enhanceing the surface integrity and corrosion resistance of Ti – 6Al – 4V titanium alloy through cryogenic burnishing [J]. International Journal of Advanced Manufacturing Technology, 2017,88(9 – 12):2785 – 2793.

[68] YAO C F, WU D X, MA L F, et al. Surface integrity evolution and fatigue evaluation after milling mode, shot – peening and polishing mode for TB6 titanium alloy [J]. Applied Surface Science, 2016, 387:

1257 – 1264.

[69] GINTING A，NOUARI M，LEBAAL N. A study of surface integrity when machining refractory titaninium alloys [J]. Advacned Materials Research，2010，83/84/85/86：1059 – 1068.

[70] GRINTING A，NOUARI M. Surface integrity of dry machined titanium alloys [J]. International Journal of Machine Tools & Manufacture，2009，49(3/4)：325 – 332.

[71] 高玉魁.不同表面处理方法对钛合金 TC4 表面完整性及疲劳性的影响规律研究[J]. 金属学报，2016,52(8)：915 – 922.

[72] 史琦. TC21 钛合金高性能铣削工艺基础研究[D]. 南京：南京航空航天大学，2013.

[73] 张为，郑敏利，徐锦辉，等.钛合金 Ti – 6Al – 4V 车削加工表面硬化实验[J]. 哈尔滨工程大学学报，2013，34(8)：1052 – 1056.

[74] 周子同，陈志同，熊曦耀，等. 钛合金 TB6 侧铣表面完整性实验[J]. 北京航空航天大学学报，2014，40(6)：849 – 854.

[75] 霍文国，徐九华，傅玉灿，等. 超硬磨料砂轮干式磨削 Ti – 6Al – 4V 合金的表面完整性研究[J]. 山东大学学报，2012，42(3)：100 – 104.

[76] 吕东升，徐九华，丁文峰，等.端铣钛合金 Ti40 阻燃钛合金的刀具磨损破损形态及其机理[J]. 摩擦学学报，2014，34(3)：268 – 277.

[77] 陈燕，杨树宝，傅玉灿，等. 钛合金 TC4 高速切削刀具磨损的有限元仿真 [J]. 航空学报，2013，34(9)：2230 – 2239.

[78] 王其琛，明伟伟，安庆龙，等.铣削高强度钛合金 TC18 的刀具磨损机理[J]. 上海交通大学学报，2011，45(1)：19 – 24.

[79] 李安海，赵军，罗汉兵，等. 高速干铣削钛合金时涂层硬质合金刀具磨损机理研究[J]. 摩擦学学报，2012，32(1)：40 – 46.

[80] 徐锦泱，郑小虎，安庆龙，等. 高速铣削 TC6 钛合金的刀具磨损机理[J].上海交通大学学报，2012，46(7)：1037 – 1042.

[81] 牟涛，李剑峰，孙杰，等. 高速铣削 Ti – 6Al – 4V 刀具磨损的试验研究[J]. 武汉理工大学学报，2010，32(6)：43 – 46.

[82] ZHANG Y L，ZHOU Z M，WANG J L，et al. Diamond tool wear in precision turning of titanium alloy [J]. Materials and Manufacturing Process，2013，28(10)：1061 – 1064.

[83] WEI W H，XU J H，FU Y C，et al. Too wear in turning titanium alloy after thermohydrogen treatment [J]. Chinese Journal of Mechanical

Engineering，2012，25(4)：776 – 780.

[84] YANG S B, ZHOU G H, XU J H, et al. Tool wear predication of machining hydrogenated titanium alloy Ti – 6Al – 4V with uncoated carbide tools [J]. International Journal of Advanced Manufacturing Technology，2013，68(1/2/3/4)：673 – 682.

[85] 李友生，邓建新，张辉，等. 硬质合金刀具材料的抗氧化性能研究[J]. 材料工程，2009，2：34 – 37.

[86] 李友生，邓建新，张辉，等. 高速车削钛合金的硬质合金刀具磨损机理研究[J]. 摩擦学学报，2008，28(5)：443 – 447.

[87] DENG J X, LI Y S, SONG W L. Diffusions wear in dry cutting of Ti – 6Al – 4V with WC/Co carbide tools [J]. Wear，2008，265(11 – 12)：1776 – 1783.

[88] ZHANG S, LI J F, DENG J X, et al. Investigation on diffusion wear during high – speed machining Ti – 6Al – 4V alloy with straight tungsten carbide tools [J]. International Journal of Advanced Manufacturing Technology，2009，44(1 – 2)：17 – 25.

[89] RAZA S W, PERVAIZ S, DEIAB I. Tool wear patterns when turning of Titanium alloy using sustainable lubrication strategies [J]. International Journal of Precision Engineering and Manufacturing，2014，15(9)：1979 – 1985.

[90] DA SILVA R B, MACHADO A R, EZUGWU E O, et al. Tool life and wear mechanisms in high speed machining of Ti – 6Al – 4V with PCD tools under various coolant pressures [J]. Journal of Materials Processing Technology，2013，213(8)：1459 – 1464.

[91] ZAREENA A R, VELDUIS S C. Tool wear mechanisms and tool life enhancement in ultra-precision machining of titanium [J]. Journal of Material Processing Technology，2012，212(3)：560 – 570.

[92] NOUARI M, MAKICH H. Experimental investigation on the effect of the material microstructure on tool wear when machining hard titanium alloys：Ti – 6Al – 4V and Ti – 55i [J]. International Journal of Refractory Metal & Hard Materials，2013，41：259 – 269.

[93] MASOOD I, JAHANZAIB M, HAIDER A. Tool wear and cost evaluation of face milling grade 5 titanium alloy for sustainable machining [J]. Advances in Production Engineering & Management，

2016，11(3)：239－250.

[94] DUREJA J S，GUPTA V K，SHARMA V S，et al. A review of empirical modeling techniques to optimize machining parameters for hard turning applications [J]. Proceedings of Institution of Mechanical Engineerings，Part B：Journal of Enginieering Manufacture，2016，230 (3)：389－404.

[95] 刘建峰. 基于模拟退火遗传算法的微细铣削加工参数优化[D]. 哈尔滨：哈尔滨工业大学，2010.

[96] 马超. 基于加工动力学模型的工艺参数优化研究[D]. 武汉：华中科技大学，2012.

[97] 陈建岭. 钛合金高速铣削加工机理及铣削参数优化研究[D]. 济南：山东大学，2009.

[98] CAO Y，DONG X J，DU J. Optimal selection of cutting parameters in blade in NC machining based on BP neural network and genetic algorithm [J]. Applied Mechanics and Materials，2014，496/497/498/499/500：1539－1542.

[99] LI Z Y，JIN H，LIU H L. Machining parameter optimization of aero - engine blade in electrochemical machining based on BP neural network [J]. Advaced Materials Research，2010，121/122：893－899.

[100] 黄天然，史耀耀，辛红敏. 基于盘铣加工钛合金表面残余应力的工艺参数优化[J]. 计算机集成制造系统，2015，21(9)：2403－2409.

[101] 李长云，潘伟强，胡盛龙. 基于均匀设计的支持向量机参数优化方法[J]. 计算机工程与科学，2014，36(4)：702－706.

[102] 孙玉文. 自动抛光技术及其工艺参数优化研究[D]. 大连：大连理工大学，2015.

[103] 张烘州，明伟伟，安庆龙，等. 响应曲面法在表面粗糙度预测模型及参数优化中的应用[J]. 上海交通大学学报，2010，44(4)：447－451.

[104] WANG D A，LIN Y C，CHOW H M，et al. Optimization of machining parameters using EDM in gas meida based on taguchi method [J]. Advaced materials Research，2012，459：170－175.

[105] CHEN Y F，LIN Y J，CHEN S L，et al. Optimization of electrodischarge machining parameters on ZrO_2 ceramic using the taguchi method [J]. Proceedings of the Institution of Mechanical Engineers，Part B：Journal of Engineering Manufacture，2010，224

(2): 195 – 205.

[106] SHI K N, ZHANG D H, REN J X. Optimizaton of process parameters for surface roughness and microhardness in dry milling of magnesium alloy using taguchi with grey relational analysis [J]. International Journal of Advanced Manufacturing Technology, 2015, 81(1 – 4): 645 – 651.

[107] ZHANG S P, DING Y C, ZHANG W L. Machining parameters optimization for wedm based on grey relational analysis [J]. Applied Mechanics and Materials, 2013, 401/402/403:1385 – 1392.

[108] KUMAR S V, KUMAR M P. Optimization of cryogenic cooled EDM process parameters using relational analysis [J]. Journal of Mechanical Science and Technology, 2014, 28(9): 3777 – 3784.

[109] PALANISAMY A, REKHA R, SIVASANKARAN S, et al. Multi – objective optimization of EDM parameters using grey relational analysis for titanium alloy (Ti – 6Al – 4V) [J]. Applied Mechanics and Materials, 2014, 592/593/594: 540 – 544.

[110] MANIKANDAN N, KUMANAN S, SATHIYANARAYANAN C. Multi response optimization of eletrochemical drilling of titanium alloy (Ti – 6Al – 4V) using Taguchi based grey relational analysis [J]. Indian Journal of Engineering and Materials Sciences, 2015, 22(2): 153 – 160.

[111] VAXEVANIDIS N M, FOUNTAS N A, KECHAGIAS J D, et al. Optimization of main cutting force and surface roughness in turning of Ti – 6Al – 4V titanium alloy using design of experiment and artificial neural networks [C]// OPT – i 2014 – 1st International Conference on Engineering and Applied Sciences Optimization, 2014, 1:2889 – 2906.

[112] NANDAKUMAR C, MOHAN B. Multi-response optimization of CNC WEDM process parameters for machining titanium alloy Ti – 6Al – 4V using response surface methodology (RSM) [J]. Applied Mechanics and Materials, 2014, 541/542, 354 – 358.

[113] GUNAY M. Optimization with taguchi method of cutting parameters and tool noise radius in machining of aisi 316I steel [J]. Journal of the Faculty of Engineering and Architecture of Gazi University, 2013, 28 (3): 437 – 444.

[114]　张悦. 钛合金整体叶盘盘铣加工刀具设计与分析研究[D]. 哈尔滨：哈尔滨理工大学，2015.

[115]　哈尔滨理工大学. 整体叶盘开槽专用变切宽三面刃铣刀：CN201410048952.0[P]. 中国专利：2014-02-12.

[116]　ZHU C L，HUANG S T，ZHOU L. The design and finite element simulatin anslysis of tool in milling titanium alloys [J]. Key Engineering Materials，2014，589/590：373-377.

[117]　李海超. 插铣刀具设计及钛合金铣削参数优选[D]. 哈尔滨：哈尔滨理工大学，2015.

[118]　孙轶龙. 高效铣削钛合金用大进给 PCD 刀具设计及工艺优化[D]. 哈尔滨：哈尔滨理工大学，2014.

[119]　田汝坤. 铣削钛合金薄壁件刀具结构设计研究[D]. 济南：山东大学，2012.

[120]　杨文恺. 钛合金切削刀具设计基础研究[D]. 武汉：华中科技大学，2014.

[121]　宋灵明. 加工钛合金立铣刀参数优化与铣刀的计算机辅助设计[D]. 沈阳：东北大学，2008.

[122]　李安海. 基于钛合金高速铣削刀具失效演变的硬质合金涂层刀具设计与制造[D]. 济南：山东大学，2013.

[123]　姜振喜. TC4-DT 钛合金切削性能研究与仿生刀具结构设计[D]. 济南：山东大学，2016.

[124]　高凯晔. 基于加工仿真的钛合金 Ti-6Al-4V 螺旋铣孔专用刀具优化设计[D]. 杭州：浙江大学，2015.

[125]　SARWAR M，DINSDALE M，HAIDER J. Development of advanced broaching tool for machining titanium alloy [J]. Advaced Materials Research，2012，445：161-166.

[126]　UTKU O，ERHAN B. Machining of difficult-to-cut-alloys using rotary turning tools [J]. Procedia CIRP，2013，8：81-87.

[127]　刘继刚，吕绍新，刘战强. 切削加工表面变质层厚度的图像识别技术[J]. 天津大学学报，2015，48(6)：547-554.

[128]　武导霞. 高强度铝合金高速铣削表面完整性研究[D]. 西安：西北工业大学，2013.

[129]　杨振朝. 基于表面完整性控制的铣削工艺参数优化方法研究[D]. 西安：西北工业大学，2012

[130] 林瑞泰. 热传导理论与方法[M]. 天津：天津大学出版社，1992.

[131] WU D X, YAO C F, TAN L, et al. Experiment study on surface integrity in high speed milling of titanium alloy TB6 [J]. Applied Mechanics and Material, 2013, 328: 867-871.

[132] 杨振朝，张定华，姚昌锋，等. TC4 钛合金高速铣削参数对表面完整性影响研究[J]. 西北工业大学学报，2009，27(4)：538-543.

[133] YAO C F, JIN Q C, HUANG X C, et al. Research on surface integrity of grinding Inconel718 [J]. International Journal of Advanced Manufacturing Technology, 2013,65(5-8):1019-1030.

[134] 杨振朝，张定华，姚倡峰，等. 高速铣削速度对 TC4 钛合金表面完整性影响机理[J]. 南京航空航天大学学报，2009，27(4)：538-543.

[135] 杜随更，吕超，任军学，等. 钛合金 TC4 高速铣削表面形貌及表层组织研究[J]. 航空学报，2008,29(6):1710-1715.

[136] 沈志雄，徐福林. 金属切削原理[M]. 上海：复旦大学出版社，2012.

[137] SAFARI H, SHARIF S, IZMAN S, et al. Surface integrity characterization in high-speed dry end milling of Ti-6Al-4V titanium alloy [J]. International Journal of Advanced Manufacturing Technology, 2015, 78: 651-657.

[138] 杨德庄. 位错与金属强化机制[M]. 哈尔滨：哈尔滨工业大学出版社，1991.

[139] YANG X Y, REN C Z, WANG Y, et al. Experimental study on surface integrity of Ti-6Al-4V in high speed side milling [J]. Transactions of Tianjin University, 2012, 18(3): 206-212.

[140] 刘文文. 机械加工表面残余应力的有限元模拟与实验研究[D]. 南京：南京航空航天大学，2012.

[141] MOUSSAOUI K, SEGONDS S, RUBIO W, et al. Studying the measurement by X-ray diffraction of residual stresses in Ti6Al4V titanium alloy [J]. Materials Science and Engineering, 2016, 667: 340-348.

[142] 艾兴. 高速切削加工技术[M]. 北京：国防工业出版社，2003.

[143] 盛骤，谢式千，潘承毅. 概率论与数理统计[M]. 北京：高等教育出版社，2010.

[144] DAYMI A, BOUJELBENE M, BEN A A, et al. Surface integrity in high speed end milling of titanium alloy Ti-6Al-4V [J]. Material

Science and Technology, 2011, 27(1): 387 - 394.

[145] YAO C F, YANG Z C, HUANG X C, et al. The study of residual stress in high - speed milling of titanium alloy TC11 [J]. Advanced Materials research, 2012, 443/444: 160 - 165.

[146] 张幼帧. 金属切削理论[M]. 北京: 航空工业出版社, 1988.

[147] WU L H, WANG D, XIAO B L, et al. Tool wear and its effect on microstructure and properties friction stir processed Ti - 6Al - 4V [J]. Materials Chemistry and Physics, 2014, 146(3): 512 - 522.

[148] 牟涛. 高速铣削钛合金 Ti - 6Al - 4V 的刀具磨损研究[D]. 济南: 山东大学, 2009.

[149] Palmai Z. Proposal for a new theoretical mode of cutting tool's flank wear [J]. Wear, 2013, 303(1/2): 437 - 445.

[150] DROUILLET C, KARANDIKAR J, NATH C, et al. Tool life Predictions in milling using spindle power with the neural network technique [J]. Journal of Manufacturing Processes, 2016, 22: 161 - 168.

[151] JAFARIAN F, TAGHIPOUR M, AMIRABADI H. Application of artificial neural network and optimization algorithms for optimizing surface roughness, tool life and cutting forces in turing operation [J]. Journal of Mechanical Science and Technology, 2013, 27(5): 1469 - 1477.

[152] 徐玲, 杨丹, 王时龙, 等. 基于进化神经网络的刀具寿命预测[J]. 计算机集成制造系统, 2008, 14(1): 167 - 182.

[153] GARG A, LAM J S L, GAO L. Power consumption and tool life models for the production process [J]. Journal of Cleaner Production, 2016, 131: 754 - 764.

[154] BENKEDJOUH T, MEDJAHER K, ZERHOUNI N, et al. Health assessment and life prediction of cutting tools based on support vector regression [J]. Journal of Intelligent Manufacturing, 2015, 26(2): 213 - 223.

[155] 林岗, 苑平平. 基于灰色理论的刀具寿命预测[J]. 机械工程师, 2008 (9):40 - 41.

[156] 肖新平, 毛树华. 灰预测与灰决策[M]. 北京: 科学出版社, 2013.

[157] 赵威. 基于绿色切削的钛合金高速切削机理研究[D]. 南京: 南京航空

航天大学, 2006.

[158] 吕宏刚. H13 钢硬态铣削过程中的刀具磨损及其对表面完整性的影响 [D]. 济南: 山东大学, 2012.

[159] 唐联耀, 李鹏南, 邱新义, 等. 20Cr2Ni4A 插铣铣削力与切削参数优化 研究[J]. 机械工程师, 2014, 7: 9 - 11.

[160] TANG D H, HAN Y. Multi-objective technologic parameter optimization of face milling based on GRA - PSO algorithm [J]. Applied Mechanics and Materials, 2013, 364: 504 - 598.

[161] 何志祥. 基于 Deform 的钛合金车削过程的切削温度的参数优化设计 [D]. 天津: 天津理工大学, 2014.

[162] LING D M, JIA Y, TIAN X J, et al. Processing parameters optimization and experiment research of automatic polishing technology for free surface of dies [J]. Applied Mechanics and Materials, 2012, 159: 198 - 202.

[163] 杨俊, 何辉波, 李华英, 等. 基于切削力和表面粗糙度的干切削参数优 化[J]. 西南大学学报(自然科学版), 2014, 36(12): 187 - 192.

[164] YANG W, YANG J, RUAN H, et al. Vibration parameters optimization experiment on seeder of rice bud - seed for field seedling raising based on virtual prototyping technology [J]. Applied Mechanics and Materials, 2013, 341 - 342: 456 - 461.

[165] 韩喜峰. 考虑材料去除率最大化的稳态立铣过程切削参数优化[D]. 天 津: 河北工业大学, 2012.

[166] ZHU X J, GAO Y X, CHEN Q, et al. Test research on the optimizing technological parameters of the ultrasonic vibration honing [J]. Advanced Materials Research, 2008, 53/54: 185 - 190.

[167] 赵军, 郑光明, 李安海, 等. 超高速切削 Inconel718 刀具寿命研究及切 削参数优化[J]. 哈尔滨理工大学学报, 2011, 16(1): 9 - 12.

[168] 赵廷刚. 建模的数学方法与数学模型[M]. 北京: 科学技术出版社, 2011.

[169] ANGELA M. Design and analysis of experiments [M]. Beijing: World Publishing Corporation, 2010.

[170] 周炜, 周创明, 史朝辉, 等. 粗糙集理论及应用[M]. 北京: 清华大学 出版社, 2015.

[171] 张明. 粗糙集理论中的知识获取与约简方法的研究[D]. 南京: 南京理

工大学，2012.

[172] 何勇，张红钢，刘雪峰，等. NiTi 合金高温变形本构关系的神经网络模型[J]. 稀有金属材料与工程，2008，37(1)：19－23.

[173] 张振良. 模糊集理论与方法[M]. 武汉：武汉大学出版社，2010.

[174] RAO R V, KALYANKAR V D. Optimization of modern machining processes using advanced optimization techniques：a review [J]. International Journal of Advanced Manufacturing Technology，2014，73(5/6/7/8)：1159－1188.

[175] 党耀国，王正新，钱吴永. 灰色预测技术方法[M]. 北京：科学出版社，2015.

[176] 刘思峰，杨英杰，吴利丰，等. 灰色系统理论及其应用[M]. 7 版. 北京：科学出版社，2014.

[177] LIU S F, HU M L, FORREST J F, et al. Progress of grey system models [J]. Transactions of Nanjing University of Aeronautics & Astronautics，2012，29(2)：103－111.

[178] 刘思峰，徐忠祥. 灰色系统研究新进展[M]. 武汉：华中理工大学出版社，1996.

[179] 邓聚龙. 灰色系统理论与应用进展的若干问题[M]. 武汉：华中理工大学出版社，1996.

[180] 李永志，薛克敏，李萍，等. 多目标质量的粉末包套等通道挤扭成形致密工艺参数优化[J]. 机械工程学报，2012，48(6)：57－63.

[181] MAO S H, GAO M Y, XIAO X P, et al. A novel fractional grey system model and its application [J]. Applied Mathematical Modelling，2016，40(7－8)：5063－5076.

[182] LAI X Y, YAN C Y, ZHAN C Y, et al. Machining parameters optimization on micro hole vibration drilling using grey system theory [C]. 2015 IEEE International Conference on Mechatronics and Automation，2015，2307－2312.

[183] XU J, WANG C X. Study on application of grey system theory in fatigue span design of machine tool axles [J]. Advanced Materials Research，2011，201/202/203：1156－1160.

[184] 刘思峰，党耀国，方志耕. 灰色系统理论及其应用[M]. 北京：科学出版社，2004.

[185] ZHU X J, GAO Y X, CHEN Q, et al. Test research on the

optimizing technology parameters of ulasonic vibration honing [J]. Advanced Materials Research，2008，53/54：185－190.

[186] 章玲，周德群. 多属性决策分析方法与应用：基于属性关联的研究[M]. 北京：科学出版社，2013.

[187] 肖新平，宋中民，李峰. 灰技术基础及其应用[M]. 北京：科学出版社，2005.

[188] 孙玉刚. 灰色关联分析及其应用的研究[D]. 南京：南京航空航天大学，2007.

[189] LIANG Y S, ZHANG D H, REN J X, et al. Feedrate scheduling for multi-axis plunge milling of open blisk [J]. Proceeding of the Institution of Mechanical Engineers，Part B：Journal of Engineering Manufacture, 2015, 229(9)：1525－1534.

[190] REN J X, YAO C F, ZHANG D H, et al. Research on tool path planning method of four－axis high－efficiency slot plunge milling for open blisk [J]. Internation Journal of Advanced Manufacturing Technology, 2009, 45(1/2)：101－109.

[191] 黄云，肖贵坚，邹莱. 整体叶盘抛光技术的研究现状及发展趋势[J]. 航空学报，2016，37(7)：2045－2064.

[192] LIANG Y S, ZHANG D H, REN J X, et al. Accessible regions of tool orientations in multi-axis milling of blisks with a ball－end mill [J]. International Journal of Advanced Manufacturing Technology, 2016, 85(5/6/7/8)：1887－1900.

[193] LIANG Y S, ZHANG D H, CHEN Z Z, et al. Tool orientation optimization and location determination for four－axis plunge milling of open blisks [J]. International Journal of Advanced Manufacturing Technology, 2014, 70(9/10/11/12)：2249－2261.

[194] CHEN X Z, XU Z Y, ZHU D, et al. Experimental research on electrochemical machining of titanium alloy Ti60 for a blisk [J]. Chinese Journal of Aeronautics, 2016, 29(1)：274－282.

[195] 陈云，杜齐明，董万福. 现代金属切削刀具实用技术 [M]. 北京：化学工业出版社，2008.

[196] 杨广勇，王育民. 金属切削原理与刀具[M]. 北京：北京理工大学出版社，1993.

[197] 陆友琪. 钢材实用手册[M]. 北京：中国科学技术出版社，1991.

[198] 于民治，张超. 钢材产品手册[M]. 北京：化学工业出版社，2011.

[199] 杨晓勇. 钛合金铣削刀具磨损及表面完整性研究[D]. 天津：天津大学，2013.

[200] ZHANG Y H，YANG S C，FENG C. Research on the tool wear mechanism of cemented carbide ball end mill machining titanium alloy [J]. Materials Science Forum，2016，836/837：318－325.

[201] 宋丽鸽. 大型曲拐车铣加工盘铣刀的设计及研究[D]. 沈阳：沈阳理工大学，2011.